COCHINCHINE FRANÇAISE

RAPPORT

PRÉSENTÉ A M. LE MYRE DE VILERS

Gouverneur de la Cochinchine française,

SUR LE

VOYAGE D'ÉTUDES FAIT AU TONQUIN

PAR

MM. Henri VIÉNOT & Albert SCHROEDER

SAIGON
IMPRIMERIE NATIONALE

1883

VOYAGE D'ÉTUDES

FAIT AU TONQUIN

COCHINCHINE FRANÇAISE

RAPPORT

PRÉSENTÉ A M. LE MYRE DE VILERS

Gouverneur de la Cochinchine française,

SUR LE

VOYAGE D'ÉTUDES FAIT AU TONQUIN

PAR

MM. Henri VIÉNOT & Albert SCHROEDER

SAIGON

IMPRIMERIE NATIONALE

1883

RAPPORT

PRÉSENTÉ A M. LE MYRE DE VILERS,

Gouverneur de la Cochinchine française,

SUR

LE VOYAGE D'ÉTUDES FAIT AU TONQUIN

Par MM. Henri Viénot et Albert Schroeder.

Monsieur le Gouverneur,

A la suite de plusieurs entretiens que j'eus l'honneur d'avoir avec vous, relativement à l'intérêt qu'il pourrait y avoir, pour le développement du commerce et de l'influence française au Tonquin, à ce qu'il fût établi un chemin de fer dans cette contrée, afin de relier ensemble les divers grands centres et la frontière chinoise dont le commerce nous échappera certainement si nous comptons uniquement sur la navigation par le Fleuve-Rouge pour y faire face, vous avez bien voulu me dire que vous envisagiez la réalisation de ce programme comme intéressant, en effet, le développement de la civilisation dans ces contrées où la France a déjà de grands intérêts. Vous avez même bien voulu me demander de vous présenter un avant-projet des études que je croyais utile de faire sur le terrain pour reconnaître s'il était effectivement possible, pratique et rémunérateur de tenter un travail de ce genre au Tonquin; mais, en même temps, vous m'avez fait remarquer que la situation politique ne permettait pas actuellement de rien tenter au nord d'Hànội et qu'il fallait se borner à étudier le moyen de relier Hànội à la mer.

Grâce à l'étude des cartes marines et des divers documents que vous avez bien voulu mettre ou faire mettre à ma disposition, j'ai pu vous présenter le 9 juin dernier l'avant-projet en question, dans lequel, tout en m'offrant à vous pour l'étude d'autres tracés, je déclarais que tous les documents réunis concordaient en faveur de celui qui, partant d'Hàiphòng, va rejoindre la route de Quản-yên à Hải-dương et de là se dirige sur Hànội, en suivant le prolongement de la même route. En même temps, je vous fis part de mon intention de partir pour Hàiphòng avec M. Albert Schroeder, entrepreneur à Saigon, afin d'aller reconnaître sur le terrain les conditions exactes dans lesquelles se trouvait le pays.

Notre programme consistait à parcourir, en la mesurant par les procédés géométriques, la route actuelle ; à en faire le levé aussi exact que possible ; à reconnaître les accidents de terrain, les cours d'eau et, en un mot, tout ce qui est de nature à faciliter ou à rendre plus dispendieux l'établissement d'une voie ferrée. En même temps, nous devions étudier rapidement la nature des terrains traversés par la route et leur consistance, prendre note des diverses cultures et des produits mis en vente sur les marchés indigènes, en un mot, réunir, dans la limite du possible, tous les renseignements sur le coût de l'établissement d'une voie ferrée et sur le trafic probable auquel elle donnerait lieu.

Vous avez bien voulu nous encourager dans cette voie, nous accorder même une subvention de 500 piastres pour couvrir une partie des frais du voyage et nous donner des lettres de recommandation pour les diverses autorités françaises civiles et militaires.

De son côté, M. le consul d'Annam à Saigon a bien voulu nous donner, pour les gouverneurs des provinces annamites que nous devions traverser, des lettres d'introduction qui nous ont valu leur concours et leur bienveillance.

Dans ces conditions, nous sommes partis de Saigon le mardi 27 juin, à bord du paquebot des Messageries maritimes *le Saigon*. Nous emportions avec nous, outre les provisions pour le voyage, les instruments géodésiques et autres pour nos opérations.

Arrivés à Hàiphòng le lundi 3 juillet, nous nous sommes présentés à M. de Verneville, consul de France, qui nous a mis dès le même jour en relations avec le mandarin annamite qui réside dans ce port et qui a le titre de *quản-lý*.

Ce mandarin s'est chargé avec empressement de transmettre au thông-đốc d'Hải-dương nos passeports, afin de les faire revêtir du visa obligatoire, et de nous procurer les coolies et le personnel nécessaires tant pour le transport de nos bagages que pour le mesurage du terrain. Il y adjoignit un interprète ainsi que l'escorte militaire qu'il jugea utile pour les diriger et les surveiller.

Nous sommes partis d'Hảiphòng, à la tête de cette petite troupe, le mercredi 5 juillet; mais avant de commencer à transcrire nos notes de voyage et le résumé de nos observations, il nous paraît indispensable de donner quelques explications sur le tableau qui les accompagne et sur les raisons qui nous ont déterminés à y insérer certaines données qui peuvent paraître peu importantes au premier abord.

Nous avons procédé par visées successives au moyen d'une stadia d'arpenteur; aussi, la première colonne du tableau donne comme premier chiffre le numéro de la visée.

Les instruments dont nous nous sommes servis sont gradués d'après le système décimal, et la circonférence du cercle y est divisée en 400 grades au lieu de 360 degrés. Il nous a paru bon de donner dans la seconde colonne le résultat de la lecture faite sur l'instrument, sans modification ni correction. Les angles sont donc indiqués en grades et non en degrés. Nous rappelons seulement que la graduation étant continue de 1 à 400, et l'angle noté étant celui formé par la ligne nord-sud, déterminée par l'aiguille aimantée et par la ligne de visée, toute lecture donnant un chiffre entre zéro et 100 indique une direction entre le nord et l'ouest; tout chiffre entre 101 et 200 indique une ligne entre l'ouest et le sud; entre 201 et 300, la ligne varie entre le sud et l'est, et, enfin, entre 301 et 400 ou zéro, elle se trouve entre l'est et le nord. La conversion des grades en degrés se fait facilement en diminuant d'un dixième le chiffre des grades.

Pour la facilité des personnes qui ne sont pas habituées à cette lecture en grades, la troisième colonne donne la direction approximative de la visée.

A côté de la longueur de la visée en mètres, telle que la donnait la mesure géométrique, nous avons cru devoir mettre sa longueur en pas, telle qu'elle était comptée par celui qui faisait placer la mire. Cette longueur n'est pas toujours proportionnelle avec la longueur de la visée en mètres. Cela tient à différentes causes : quelquefois, la nature du terrain forçait à diminuer ou portait à allonger les pas; d'autres fois, la route suivie n'était pas absolument rectiligne et présentait de petits crochets qui ne méritaient pas qu'on les relevât, mais qui n'augmentaient pas moins le nombre des pas faits par le voyageur. Presque toujours, d'ailleurs, ces endroits sont indiqués parmi les observations.

La hauteur et la largeur de la chaussée sont prises relativement aux terrains contigus du point visé. Il arrive souvent des variations qui pourraient paraître étonnantes si on ne connaissait l'usage où sont les indigènes de creuser leurs rizières ou de les surélever afin de permettre aux eaux de se déverser d'un champ dans un autre. En règle générale, la route, partout où elle existe, est sensiblement de niveau et les différences de hauteur proviennent plus souvent d'un abaissement du sol voisin que d'une pente de la route.

Nous n'avons pas la prétention de donner les noms de tous les villages sur le territoire desquels nous sommes passés, ni même de tous ceux que nous avons traversés ou côtoyés. Nous n'avons noté que les plus importants et spécialement ceux dans lesquels nous nous sommes arrêtés et où, par suite, nous avons pu quelquefois faire des observations intéressantes.

En ce qui concerne les cours d'eau, fleuves, arroyos, etc., nous avons signalé dans les observations tous ceux qui se sont trouvés sur notre parcours, alors même que nous ne les traversions pas, et même souvent quand nous en restions à une certaine distance; mais, dans le tableau ci-contre, dont le but est surtout de mettre en relief ce qui intéresse la construction d'une voie ferrée, nous n'avons donné la largeur et la profondeur que des cours d'eau sur lesquels passe la route et sur lesquels la voie ferrée devra passer sans doute.

Pour les villages, les cours d'eau, et en général toutes les fois que nous avons eu à donner le nom d'un objet en langue annamite, nous l'avons donné autant que possible à la fois en quôc ngữ et en caractères chinois, afin d'éviter les erreurs et les confusions qu'une légère erreur de prononciation, et par suite d'accentuation, peut déterminer dans le quôc ngữ.

En ce qui concerne les cultures, nous n'avons voulu indiquer que les espèces que nous avons vues nous-mêmes sur le sol. Il ne nous a pas paru convenable de donner comme certains les dires de nos guides sur les cultures auxquelles étaient destinés les champs en labour. Dans la colonne des observations, nous rapportons quelquefois ces dires en indiquant leur provenance, mais, dans le tableau qui permet à l'œil de se rendre compte rapidement des diverses observations faites par nous, nous avons tenu à ne mettre que ce que nous avons vu de nos propres yeux.

Les indications données sur le nombre des cases dans les villages sont en général le résultat d'une estimation plus ou moins juste. C'est plutôt un moyen d'indiquer l'importance respective des divers villages qu'un renseignement dont on puisse tenir un compte absolu.

Ces explications une fois données pour bien faire comprendre la nature de nos notes de voyage, nous allons en donner immédiatement la reproduction.

Pour la publication de ce rapport dans les *Excursions et Reconnaissances* on l'a divisé en plusieurs parties : la première, d'Hảiphòng à Hảidương; la seconde, d'Hảidương à Hànội, et la troisième, d'Hànội à Bắc-ninh. Cette division a été conservée dans cette brochure; par conséquent, les observations sur le trajet entre Hảiphòng et Hảidương se trouvent à la suite des tableaux de cette section, à la page 60, et celles sur les autres sections à la suite des tableaux qui les concernent.

LECTURE DES INSTRUMENTS A CHAQUE STATION.								PRINCIPAUX VILLAGES.			COURS D'EAU, AQUEDUCS, ETC.				PRINCIPALES CULTURES SUR PIED et produits divers.
NUMÉRO d'ordre.	ANGLE de la visée avec l'aiguille aimantée, en grades.	DIRECTION de la visée.	DISTANCE entre les extrémités de la station, en mètres.	DISTANCE entre les extrémités de la station, en pas.	DISTANCE totale du point de départ.	HAUTEUR.	LARGEUR.	NOM en quoc-ngu.	NOM en caractères.	NOMBRE de cases.	NOM en quoc-ngu.	NOM en caractères.	LARGEUR.	PROFONDEUR.	
(0)	»	»	»	»	»	1m50	0m80	Ha-ly-ha.	下里河	»			»		Rizières.
(1)	85 00	O.-N.-O.	120 00	183	120	1 20	5 00			»			»	»	*Idem.*
(2)	52 1/2	N.-O.	100 00	158	220	1 90	5 00			»			»	»	Terre labourée.
(3)	80 3/4	O.-N.-O	85 00	132	305	2 10	5 00			»			»	»	Labours.
(4)	101 1/2	O.	95 00	147	400	1 15	3 00			»			»	»	Terres non retournées.
(5)	75 3/4	O.-N.-O.	220 00	335	620	0 75	2 50			»			»	»	»
(6)	391 00	N.	71 00	110	691	1 10	1 90			»			»	»	»
(7)	71 1/2	O.-N.-O.	170 00	255	861	1 05	2 50			»			»	»	»
(8)	84 1/2	O.-N. O.	120 00	170	981	1 20	1 40	Village à 250 mètres.		60			»	»	Rizières.
(9)	72 1/2	O.-N.-O.	175 00	240	1,156	1 05	2 00			1			»	»	*Idem.*
(10)	83 1/2	O.-N.-O.	150 00	222	1,306	0 60	2 40			»			»	»	»
(11)	74 1/2	O.-N.-O.	135 00	203	1,441	1 25	6 00	Village à 500 mètres.		25			»	»	Rizières.
(12)	93 00	O.	137 00	205	1,578	0 80	1 40	Village à 200 mètres.		50			»	»	*Idem.*
A reporter...			1,578 00	2,360						136			»		

Voir les observations, pages 60 et suivantes. — Les noms en quoc ngu sont mis sans accents dans ces tableaux.

LECTURE DES INSTRUMENTS A CHAQUE STATION.								PRINCIPAUX VILLAGES.			COURS D'EAU, AQUEDUCS, ETC.				PRINCIPALES CULTURES SUR PIED et produits divers.
NUMÉRO d'ordre.	ANGLE de la visée avec l'aiguille aimantée, en grades.	DIRECTION de la visée.	DISTANCE entre les extrémités de la station, en mètres.	DISTANCE entre les extrémités de la station, en pas.	DISTANCE totale du point de départ.	HAUTEUR.	LARGEUR.	NOM en quoc-ngu.	NOM en caractères.	NOMBRE de cases.	NOM en quoc-ngu.	NOM en caractères.	LARGEUR.	PROFONDEUR.	
Report........................			1,578 00	2,300						136			»		
(13)	87 1/2	O.-N.-O.	144 00	215	1,722 00	0m80	1m30			»			»	»	Rizières.
(14)	83	O.-N.-O.	110 00	163	1,832 00	1 10	1 80	Village à 250 mètres.		80			»	»	*Idem.*
(15)	80	O.-N.-O.	155 00	228	1,987 00	0 50	2 30			»			»	»	*Idem.*
(16)	71	N.-O.	156 00	234	2,143 00	1 10	3 00	Villages à l'ouest.		Chaque 50			»	»	Briqueteries.
(17)	82	O.-N.-O.	118 00	170	2,261 00	1 40	2 50			»			»	»	*Idem.*
(18)	60 1/2	O.-N.-O.	87 00	140	2,348 00	1 40	2 50			»			»	»	*Idem.*
(19)	93	O.	160 00	250	2,508 00	1 00	3 50			6			»	»	*Idem.*
(20)	34	N.-N.-O.	69 00	115	2,577 00	0 70	3 00			10			»	»	*Idem.*
(21)	70 1/2	O.-N.-O.	97 00	140	2,674 00	1 00	4 00			30			»	»	*Idem.*
(22)	71 1/2	O.-N.-O.	55 00	90	2,729 00	1 10	1 00			10			»	»	*Idem.*
(23)	74 1/4	O.-N.-O.	140 00	208	2,869 00	1 30	0 00			»			»	»	Rizières, pêcheries
(24)	97 1/2	O.	110 00	180	2,979 00	1 20	1 50			»			»	»	Rizières.
À reporter........................			2,979 00	4,302						322			»		

Voir les observations, pages 60 et suivantes.

LECTURE DES INSTRUMENTS A CHAQUE STATION.								PRINCIPAUX VILLAGES.			COURS D'EAU, AQUEDUCS, ETC.				PRINCIPALES CULTURES SUR PIED et produits divers.
NUMÉRO d'ordre.	ANGLE de la visée avec l'aiguille aimantée, en grades.	DIRECTION de la visée.	DISTANCE entre les extrémités de la station, en mètres.	DISTANCE entre les extrémités de la station, en pas.	DISTANCE totale du point de départ.	HAUTEUR.	LARGEUR.	NOM en quoc-ngu.	NOM en caractères.	NOMBRE de cases.	NOM en quoc-ngu.	NOM en caractères.	LARGEUR.	PROFONDEUR.	
Report........................			2,979 00	4,502						322			»		
(25)	116 1/4	O.-S.-O.	110 00	178	3,089 00	1m80	2m00			»			»	»	Terres labourées.
(26)	75	O.-N.-O.	104 00	164	3,193 00	2 10	1 05			»			»	»	*Idem.*
(27)	119 1/4	O.-S.-O.	70 00	110	3,263 00	2 10	1 05			15			»	»	*Idem.*
(28)	75 1/4	O.-N.-O.	141 00	215	3,404 00	1 80	1 15			»			»	»	Rizières.
(29)	80 1/4	O.-N.-O.	90 00	145	3,494 00	1 00	1 15			»			»	»	*Idem.*
(30)	88	O.-N.-O.	136 00	240	3,630 00	1 00	1 80			»			»	»	*Idem.*
(31)	78	O.-N.-O.	122 00	198	3,752 00	1 00	1 80			1			»	»	Briqueteries.
(32)	120 3/4	O.-S.-O.	133 00	260	3,885 00	1 30	1 50			»			»	»	Rizières.
(33)	94 1/4	O.	150 00	248	4,035 00	1 30	1 50			»			»	»	*Idem.*
(34)	67 1/2	O.-N.-O.	106 00	190	4,141 00	1 00	1 50			»			»	»	*Idem.*
(35)	78 1/2	O.-N.-O.	112 00	196	4,253 00	1 20	1 50			»			»	»	*Idem.*
(36)	128 1/4	O.-S.-O.	78 00	140	4,331 00	1 00	4 00			»			»	»	*Idem.*
A reporter........................			4,331 00	6,786						338			»		

Voir les observations, pages 60 et suivantes.

LECTURE DES INSTRUMENTS A CHAQUE STATION.								PRINCIPAUX VILLAGES.			COURS D'EAU, AQUEDUCS, ETC.				PRINCIPALES CULTURES SUR PIED et produits divers.
NUMÉRO d'ordre.	ANGLE de la visée avec l'aiguille aimantée, en grades.	DIRECTION de la visée.	DISTANCE entre les extrémités de la station, en mètres.	DISTANCE entre les extrémités de la station, en pas.	DISTANCE totale du point de départ.	HAUTEUR.	LARGEUR.	NOM en quoc-ngu.	NOM en caractères.	NOMBRE de cases.	NOM en quoc-ngu.	NOM en caractères.	LARGEUR.	PROFONDEUR.	
Report			4,334 00	6,786						338			»		
(37)	89 1/4	O.	147 00	250	4,478 00	1ᵐ00	1ᵐ0[illegible]			10			»	»	Rizières.
(38)	89 1/2	O.	170 00	254	4,648 00	1 30	1 3[illegible]			»			»	»	Labours.
(39)	87	O.-N.-O.	132 00	226	4,780 00	1 30	1 30			»			»	»	*Idem.*
(40)	88 3/4	O.	137 00	215	4,917 00	1 50	1 30			»			»	»	*Idem.*
(41)	85	O.-N.-O.	148 00	230	5,065 00	1 50	1 30			»			»	»	*Idem.*
(42)	72 3/4	O.-N.-O.	126 00	213	5,191 00	1 00	1 15			»			»	»	*Idem.*
(43)	82 1/2	O.-N.-O.	70 00	126	5,261 00	1 40	1 40			»			»	»	*Idem.*
(44)	53 3/4	N.-O.	143 00	200	5,404 00	1 15	1 30			»			»	»	Rizières.
(45)	72	O.-N.-O.	140 00	200	5,544 00	1 15	1 30			»			»	»	*Idem.*
(46)	29 1/2	N.-N.-O.	120 00	187	5,664 00	13	1 30			»			»	»	*Idem.*
(47)	43 1/4	N.-O.	154 00	230	5,818 00	1 50	1 10			»			»	»	*Idem.*
(48)	33 1/2	N.-N.-O.	137 00	207	5,955 00	1 50	1 10	Cong-my.	貢美	26			»	»	*Idem.*
A reporter			5,955 00	0,324						374			»		

Voir les observations, pages 00 et suivantes.

LECTURE DES INSTRUMENTS A CHAQUE STATION.								PRINCIPAUX VILLAGES.			COURS D'EAU, AQUEDUCS, ETC.				PRINCIPALES CULTURES SUR PIED et produits divers.
NUMÉRO d'ordre.	ANGLE de la visée avec l'aiguille aimantée, en grades.	DIRECTION de la visée.	DISTANCE entre les extrémités de la station, en mètres.	DISTANCE entre les extrémités de la station, en pas.	DISTANCE totale du point de départ.	HAUTEUR.	LARGEUR.	NOM en quoc-ngu.	NOM en caractères.	NOMBRE de cases.	NOM en quoc-ngu.	NOM en caractères.	LARGEUR.	PROFONDEUR.	
Report			5,955 00	9,324						374			»		
(49)	9 3/4	N.	207 00	376	6,162 00	0m50	1m10			»			»	»	Labours.
(50)	38	N.-O.	131 00	105	6,293 00	1 50	1 60			»			»	»	*Idem.*
(51)	395	N.	200 00	304	6,493 00	1 80	1 80			»			»	»	*Idem.*
(52)	398	N.	210 00	345	6,703 00	2 10	2 50			»			»	»	Rizières.
(53)	307 1/2	N.	135 00	206	6,838 00	1 30	1 50			»			»	»	Pêcheries.
(54)	58	N.-O.	205 00	350	7,043 00	1 10	3 00			»	Tranchée.		5m00	0m50	Rizières.
(35)	47	N.-O.	130 00	215	7,173 00	1 10	0 60	Village à 500 mètres.		120			»	»	*Idem.*
(56)	306 1/2	N.	190 00	300	7,363 00	0 80	0 60			»			»	»	*Idem.*
(57)	304 1/2	N.	141 00	207	7,504 00	3 00	»			»			»	»	*Idem.*
(58)	34 1/2	N.-N.-O.	215 00	346	7,719 00	0 80	0 60			»			»	»	*Idem.*
(59)	30 3/4	N.-N.-O.	162 00	300	7,881 00	0 40	1 50			»	Aqueduc.		1 00	»	Labours.
(60)	93	O.	204 00	332	8,085 00	0 40	1 50			»			»	»	*Idem.*
A reporter			8,085 00	12,800						494			6 00		

Voir les observations, pages 60 et suivantes.

LECTURE DES INSTRUMENTS A CHAQUE STATION.								PRINCIPAUX VILLAGES.			COURS D'EAU, AQUEDUCS, ETC.				PRINCIPALES CULTURES SUR PIED et produits divers.
NUMÉRO d'ordre.	ANGLE de la visée avec l'aiguille aimantée, en grades.	DIRECTION de la visée.	DISTANCE entre les extrémités de la station, en mètres.	DISTANCE entre les extrémités de la station, en pas.	DISTANCE totale du point de départ.	HAUTEUR.	LARGEUR.	NOM en quoc-ngu.	NOM en caractères.	NOMBRE de cases.	NOM en quoc-ngu.	NOM en caractères.	LARGEUR.	PROFONDEUR.	
Report........................			8,085 00	12,800						494			6^m00		
(61)	20	N.-N.-O.	145 00	230	8,230 00	0^m50	1^m00			»			»	»	Labours.
(62)	63 1/4	O.-N.-O.	195 00	327	8,425 00	0 20	1 00			4			»	»	*Idem.*
(63)	3 1/4	N.	193 00	200	8,618 00	0 40	0 00			»			»	»	Coton et ricins.
(64)	6 3/4	N.	75 00	112	8,693 00	0 40	0 60			»			»	»	Coton
(65)	103 1/4	O.	121 00	143	8,814 00	0 40	0 60			»			»	»	*Idem.*
(66)	12 1/4	N.	185 00	295	8,999 00	0 40	0 60	Village.		100			»	»	*Idem.*
(67)	94 3/4	O.	178 00	256	9,177 00	0 40	0 00			»			»	»	*Idem.*
(68)	39 1/4	N.-O.	154 00	300	9,331 00	0 40	0 60			»			»	»	*Idem.*
(69)	11 1/4	N.	190 00	280	9,521 00	0 40	0 60			»			»	»	*Idem.*
(70)	7 1/2	N.	190 00	283	9,711 00	0 30	0 90			»			»	»	*Idem.*
(71)	11	N.	72 00	100	9,783 00	0 30	2 00	Villages.		»			»	»	*Idem.*
(72)	112	O.	205 00	297	9,988 00	0 45	2 50	Village à gauche.		»			»	»	*Idem.*
A reporter........................			9,988 00	15,742						593			6 00		

Voir les observations, pages 60 et suivantes.

LECTURE DES INSTRUMENTS A CHAQUE STATION.								PRINCIPAUX VILLAGES.			COURS D'EAU, AQUEDUCS, ETC.				PRINCIPALES CULTURES
NUMÉRO d'ordre.	ANGLE de la visée avec l'aiguille aimantée, en grades.	DIRECTION de la visée.	DISTANCE entre les extrémités de la station, en mètres.	DISTANCE entre les extrémités de la station, en pas.	DISTANCE totale du point de départ.	HAUTEUR.	LARGEUR.	NOM en quoc-ngu.	NOM en caractères.	NOMBRE de cases.	NOM en quoc-ngu.	NOM en caractères.	LARGEUR.	PROFONDEUR.	SUR PIED et produits divers.
Report..........................			9,088 00	15,722						508			0m00		
(73)	113 1/4	O.-S.-O.	204 00	204	10,192 00	0m45	2m50	Village à gauche.		»			»	»	Coton.
(74)	115	O.-S-O.	222 00	300	10,414 00	0 45	2 50			8			»	»	Labours.
(75)	116 1/2	O.-S.-O.	210 00	292	10,624 00	0 30	2 80			»	Aqueduc.		1 00	»	Rizières.
(76)	120 3/4	O.-S.-O.	168 00	244	10,792 00	0 30	2 80			40			»	»	*Idem.*
(77)	116 3/4	O.-S.-O.	168 00	200	10,960 00	30	2 80	Village 300 mètres.		»			»	»	*Idem.*
(78)	110	O.	175 00	262	11,135 00	0 30	2 80			»			»	»	*Idem.*
(79)	110 1/4	O.	175 00	260	11,310 00	0 30	2 80			»			»	»	Labours.
(80)	110 3/4	O.	170 00	262	11,480 00	0 80	3 50			»	Aqueduc.		1 00	»	*Idem.*
(81)	107	O.	171 00	262	11,651 00	0 80	3 50			»			»	»	Rizières.
(82)	106 1/4	O.	180 00	262	11,831 00	0 50	3 50			8			»	»	*Idem.*
(83)	103 3/4	O.	230 00	300	12,061 00	0 50	3 50	Canh-giao.	更教	200			»	»	*Idem.*
(84)	101 1/4	O.	207 00	262	12,268 00	0 30	3 50			»			»	»	*Idem.*
A reporter..........................			12,268 00	18,982						854			8 00		

Voir les observations, pages 60 et suivantes.

LECTURE DES INSTRUMENTS A CHAQUE STATION.								PRINCIPAUX VILLAGES.			COURS D'EAU, AQUEDUCS, ETC.				PRINCIPALES CULTURES SUR PIED et produits divers.
NUMÉRO d'ordre.	ANGLE de la visée avec l'aiguille aimantée, en grades.	DIRECTION de la visée.	DISTANCE entre les extrémités de la station, en mètres.	DISTANCE entre les extrémités de la station, en pas.	DISTANCE totale du point de départ.	HAUTEUR.	LARGEUR.	NOM en quoc-ngu.	NOM en caractères.	NOMBRE de cases.	NOM en quoc-ngu.	NOM en caractères.	LARGEUR.	PROFONDEUR.	
Report			12,268 00	18,982						854			800		
(85)	88 1/2	O.	208 00	300	12,476 00	0m50	3m50			»			»	»	Rizières.
(86)	85 3/4	O.-N.-O.	212 00	310	12,688 00	0 60	3 50			»			»	»	Coton.
(87)	70 3/4	O.-N.-O.	207 00	308	12,895 00	0 60	3 50			»			»	»	*Idem.*
(88)	76 3/4	O.-N.-O.	215 00	310	13,110 00	0 50	2 00			»			»	»	*Idem.*
(89)	77 1/2	O.-N.-O.	203 00	293	13,313 00	»	2 00	Vu-nong.	務農	60			»	»	»
(90)	79 1/2	O.-N.-O.	85 00	112	13,398 00	»	2 00	*Idem.*		»			»	»	»
(91)	78	O.-N.-O.	198 00	308	13,596 00	0 45	2 50			»			»	»	Coton.
(92)	77 1/2	O.-N.-O.	210 00	310	13,806 00	1 20	2 00			»	Aqueduc.		1 00	»	*Idem.*
(93)	76 3/4	O.-N.-O.	215 00	314	14,021 00	0 80	3 00	Village à 200 mètres à droite.		»	Aqueducs.		2 00	»	Patates.
(94)	80	O.-N.-O.	215 00	312	14,236 00	0 00	1 20			»			»	»	Moulin.
(95)	77	O.-N.-O.	187 00	266	14,423 00	»	1 50			8			»	»	Rizières.
(96)	37 3/4	N.-O.	137 00	204	14,560 00	0 90	1 80			»			»	»	Labours.
A reporter			14,560 00	22,329						922			11 00		

Voir les observations, pages 60 et suivantes.

LECTURE DES INSTRUMENTS A CHAQUE STATION.								PRINCIPAUX VILLAGES.			COURS D'EAU, AQUEDUCS, ETC.				PRINCIPALES CULTURES SUR PIED et produits divers.
NUMÉRO d'ordre.	ANGLE de la visée avec l'aiguille aimantée, en grades.	DIRECTION de la visée.	DISTANCE entre les extrémités de la station, en mètres.	DISTANCE entre les extrémités de la station, en pas.	DISTANCE totale du point de départ.	HAUTEUR.	LARGEUR.	NOM quoc-ngu.	NOM en caractères.	NOMBRE de cases.	NOM en quoc-ngu.	NOM en caractères.	LARGEUR.	PROFONDEUR.	
Report........................			14,560 00	22,320						922			11m00		
(97)	38	N.-O.	215 00	328	14,775 00	0m60	1m[illegible]			»			»	»	Labours.
(98)	34 1/4	N.-N.-O.	210 00	323	14,985 00	0 50	3 [illegible]			»	Aqueduc.		1 00	»	*Idem.*
(99)	35 3/4	N.-N.-O.	210 00	310	15,195 00	0 30	3 [illegible]			»			»	»	*Idem.*
(100)	36	N.-N.-O.	205 00	304	15,400 00	0 35	3 [illegible]			»	Aqueduc.		1 00	»	Rizières.
(101)	37	N.-N.-O.	200 00	298	15,600 00	0 80	2 [illegible]			»			»	»	*Idem.*
(102)	32	N.-N.-O.	228 00	336	15,828 00	0 80	2 [illegible]			»			»	»	*Idem.*
(103)	44	N.-O.	180 00	268	16,008 00	0 60	2 [illegible]			6	Aqueduc.		1 00	»	Labours.
(104)	53 1/2	N.-O.	202 00	300	16,210 00	0 40	2 [illegible]			»			»	»	*Idem.*
(105)	59 1/4	N.-O.	114 00	160	16,324 00	1 00	0 [illegible]			»			»	»	Rizières.
(106)	17 1/2	N.-N.-O.	129 00	192	16,453 00	1 50	1 [illegible]			1			»	»	*Idem.*
(107)	8 3/4	N.	200 00	300	16,653 00	0 50	3 [illegible]			»			»	»	*Idem.*
(108)	9 1/2	N.	196 60	287	16,849 00	0 30	3 [illegible]			»			»	»	*Idem.*
A reporter........................			16,849 00	25,744						929			14 00		

Voir les observations, pages 60 et suivantes.

LECTURE DES INSTRUMENTS A CHAQUE STATION.								PRINCIPAUX VILLAGES.			COURS D'EAU, AQUEDUCS, ETC.				PRINCIPALES CULTURES SUR PIED et produits divers.
NUMÉRO d'ordre.	ANGLE de la visée avec l'aiguille aimantée, en grades.	DIRECTION de la visée.	DISTANCE entre les extrémités de la station, en mètres.	DISTANCE entre les extrémités de la station, en pas.	DISTANCE totale du point de départ.	HAUTEUR.	LARGEUR.	NOM quoc-ngu.	NOM en caractères.	NOMBRE de cases.	NOM en quoc-ngu.	NOM en caractères.	LARGEUR.	PROFONDEUR.	
Report........................			16,849 00	25,744						920			14m00		
(109)	8 1/4	N.	196 00	290	17,045 00	0m15	[illegible]			»			»	»	Rizières.
(110)	14 1/4	N.-N.-O.	145 00	214	17,190 00	0 15	[illegible]			»			»	»	*Idem.*
(111)	18 3/4	N.-N.-O.	155 00	230	17,345 00	2 50	[illegible]			»			»	»	*Idem.*
(112)	105	O.	105 00	167	17,450 00	2 50	[illegible]			»	Aqueduc à faire.		15 00	»	*Idem.*
(113)	60	N.-O.	190 00	280	17,640 00	1 80	[illegible]			1			»	»	Labours.
(114)	59 1/2	N.-O.	163 00	260	17,803 00	0 60	[illegible]			»			»	»	Coton.
(115)	59 3/4	N.-O.	94 00	125	17,897 00	0 40	[illegible]			1			»	»	*Idem.*
(116)	75 3/4	O.-N.-O.	201 00	300	18,098 00	1 10	[illegible]			»			»	»	Rizières.
(117)	77 1/2	O.-N.-O.	208 00	300	18,306 00	2m00	[illegible]			»			»	»	*Idem.*
(118)	71 1/2	O.-N.-O.	205 00	300	18,511 00	2m00	[illegible]			»			»	»	*Idem.*
(119)	72	O.-N.-O.	170 00	234	18,681 00	2m00	[illegible]			30			»	»	*Idem.*
(120)	62 1/3	N.-O.	150 00	216	18,831 00	0 60	[illegible]	phuoc.	古福	350			»	»	»
A reporter.....................			18,831 00	28,660						1,311			29 00		

Voir les observations, pages 60 et suivantes.

LECTURE DES INSTRUMENTS A CHAQUE STATION.								PRINCIPAUX VILLAGES.			COURS D'EAU, AQUEDUCS, ETC.				PRINCIPALES CULTURES SUR PIED et produits divers.
NUMÉRO d'ordre.	ANGLE de la visée avec l'aiguille aimantée, en grades.	DIRECTION de la visée.	DISTANCE entre les extrémités de la station, en mètres.	DISTANCE entre les extrémités de la station, en pas.	DISTANCE totale du point de départ.	HAUTEUR.	LARGEUR.	NOM quoc-ngu.	NOM en caractères.	NOMBRE de cases.	NOM en quoc-ngu.	NOM en caractères.	LARGEUR.	PROFONDEUR.	
Report.			18,834 00	28,660						1,314			20 00		
(121)	79	O.-N.-O.	123 00	190	18,954 00	0 60	2 [illegible]			»			»	»	»
(122)	55 1/2	N.-O.	35 00	56	18,989 00	»	2 [illegible]			»			»	»	»
(123)	79	O.-N.-O.	88 00	110	19,077 00	0m25	2 [illegible]	Village.		»			»	»	»
(124)	87 1/2	O.-N.-O.	77 00	106	19,154 00	»	2 [illegible]	Village [illegible]00 mètres.		50			»	»	»
(125)	88 1/2	O.	88 00	103	19,242 00	»	2 [illegible]	Village.		»			»	»	»
(126)	72 1/4	O.-N.-O.	205 00	300	19,447 00	0 30	3 [illegible]			»			»	»	Rizières.
(127)	63 1/4	O.-N.-O.	66 00	100	19,513 00	0 30	3 [illegible]			»			»	»	*Idem.*
(128)	52	N.-O.	201 00	205	19,714 00	0 30	3 [illegible]			»			»	»	*Idem.*
(129)	58	N.-O.	181 00	272	19,895 00	0 40	3 [illegible]			6			»	»	*Idem.*
(130)	52 3/4	N.-O.	103 00	175	19,998 00	1 20	2 [illegible]			»			»	»	*Idem.*
(131)	55 3/4	N.-O.	53 50	77	20,051 50	1 20	2 [illegible]			»			»	»	*Idem.*
(132)	47	N.-O.	56 00	88	20,107 50	0 30	3 [illegible]			»			»	»	*Idem.*
A reporter.			20,107 50	30,534						1,367			20 00		

Voir les observations, pages 60 et suivantes.

LECTURE DES INSTRUMENTS A CHAQUE STATION.								PRINCIPAUX VILLAGES.			COURS D'EAU, AQUEDUCS, ETC.				PRINCIPALES CULTURES SUR PIED et produits divers.
NUMÉRO d'ordre.	ANGLE de la visée avec l'aiguille aimantée, en grades.	DIRECTION de la visée.	DISTANCE entre les extrémités de la station, en mètres.	DISTANCE entre les extrémités de la station, en pas.	DISTANCE totale du point de départ.	HAUTEUR.	LARGEUR.	NOM en quoc-ngu.	NOM en caractères.	NOMBRE de cases.	NOM en quoc-ngu.	NOM en caractères.	LARGEUR.	PROFONDEUR.	
Report			20,107 50	30,534						1,367			20 00		
(133)	48 3/4	N.-N.-O.	102 00	257	20,209 50	1m10	2m2[illegible]			»			»	»	Rizières.
(134)	19 1/4	N.-N.-O.	56 50	90	20,336 00	1 10	2 2[illegible]			»			»	»	*Idem.*
(135)	50	N.-O.	195 00	263	20,551 00	0 75	2 50	Groupe de cases.		»			»	»	*Idem.*
(136)	50 1/2	N.-O.	210 00	305	20,761 00	0 40	3 00			»			»	»	Coton.
(137)	59 3/4	N.-O.	204 00	300	20,965 00	0 50	3 00			»			»	»	Rizières.
(138)	58 1/2	N.-O.	205 00	304	21,170 00	0 60	3 00			»			»	»	*Idem.*
(139)	50	N.-O.	203 00	304	21,373 00	0 35	3 5[illegible]			»			»	»	*Idem.*
(140)	50 1/2	N.-O.	203 00	300	21,576 00	1 10	3 00			»			»	»	*Idem.*
(141)	59 1/2	N.-O.	200 00	300	21,776 00	0 60	3 00			»			»	»	*Idem.*
(142)	60 3/4	N.-O.	183 00	300	21,959 00	0 75	3 00			»			»	»	*Idem.*
(143)	68 1/2	O.-N.-O.	198 00	300	22,157 00	0 40	3 00			6			»	»	*Idem.*
(144)	88	O.	270 00	361	22,427 00	0 30	2 5[illegible]	Village.		50			»	»	*Idem.*
A reporter			22,427 00	33,918						1,423			20 00		

Voir les observations, pages 60 et suivantes.

LECTURE DES INSTRUMENTS A CHAQUE STATION.								PRINCIPAUX VILLAGES.			COURS D'EAU, AQUEDUCS, ETC.				PRINCIPALES CULTURES SUR PIED et produits divers.
NUMÉRO d'ordre.	ANGLE de la visée avec l'aiguille aimantée en grades.	DIRECTION de la visée.	DISTANCE entre les extrémités de la station en mètres.	DISTANCE entre les extrémités de la station en pas.	DISTANCE totale du point de départ.	HAUTEUR.	LARG[illegible]	NOM [illegible]n quoc-ngu.	NOM en caractères.	NOMBRE de cases.	NOM en quoc-ngu.	NOM en caractères.	LARGEUR.	PROFONDEUR.	
Report........................			23,427 00	33,918						1,423			20 00		
(145)	80 1/4	O.	200 00	280	22,627 00	0m30	2m[illegible]			»			»	»	Rizières.
(146)	88 3/4	O.	204 00	300	22,831 00	1 30	3 [illegible]			»			»	»	Labours.
(147)	86 1/4	O.-N.-O.	115 00	170	22,946 00	2 00	1 [illegible]			»	Vanne.		5 00	»	*Idem.*
(148)	80	O.-N.-O.	205 00	308	23,151 00	0 30	2 [illegible]	Bô-thai.	太庵	40	Aqueducs.		2 00	»	*Idem.*
(149)	80 1/4	O.-N.-O.	210 00	302	23,361 00	0 60	3 [illegible]			»			»	»	Rizières.
(150)	80 1/2	O.-N.-O.	230 00	325	23,591 00	0 80	3 [illegible]			»			»	»	*Idem.*
(151)	80 1/2	O.-N.-O.	205 00	293	23,796 00	0 80	3 [illegible]			»			»	»	*Idem.*
(152)	79	O.-N.-O.	201 00	290	23,997 00	0 30	3 [illegible]			»			»	»	*Idem.*
(153)	79 3/4	O.-N.-O.	209 00	301	24,206 00	1 80	9 [illegible]			»			»	»	*Idem.*
(154)	78 3/4	O.-N.-O.	228 00	353	24,434 00	1 60	1 [illegible]			»			»	»	*Idem.*
(155)	80 3/4	O.-N.-O.	130 00	232	24,564 00	2 80	0 [illegible]			»	Vanne.		5 00	»	*Idem.*
(156)	78 3/4	O.-N.-O.	202 00	300	24,766 00	1 10	3 [illegible]			»			»	»	Coton.
A reporter........................			24,766 00	37,376						1,463			41 00		

Voir les observations, page 60 et suivantes.

LECTURE DES INSTRUMENTS A CHAQUE STATION.								PRINCIPAUX VILLAGES.			COURS D'EAU, AQUEDUCS, ETC.				PRINCIPALES CULTURES SUR PIED et produits divers.
NUMÉRO d'ordre.	ANGLE de la visée avec l'aiguille aimantée, en grades.	DIRECTION de la visée.	DISTANCE entre les extrémités de la station, en mètres.	DISTANCE entre les extrémités de la station, en pas.	DISTANCE totale du point de départ.	HAUTEUR.	LARG[illegible]	NOM [illegible] quoc-ngu.	NOM en caractères.	NOMBRE de cases.	NOM en quoc-ngu.	NOM en caractères.	LARGEUR.	PROFONDEUR.	
Report			24,766 00	37,376						1,423			41 00		
(157)	80 1/4	O.-N.-O.	66 50	100	24,832 50	0m50	2 [illegible]			»			»	»	Coton.
(158)	95 3/4	O.	201 00	303	25,033 50	0 40	2 [illegible]			»			»	»	*Idem.*
(159)	94 3/4	O.	203 00	300	25,236 50	1 10	2 [illegible]			»			»	»	*Idem.*
(160)	96 1/2	O.	204 00	300	25,440 50	0 40	1 [illegible]	Village.		50	Aqueduc.		1 00	»	»
(161)	95 1/4	O.	149 00	220	25,589 50	0 50	3 [illegible]			»			»	»	Labours.
(162)	104 1/4	O.	171 00	202	25,760 50	0 50	3 [illegible]			15			»	»	*Idem.*
(163)	111 1/4	O.	140 00	206	25,900 50	0 60	2 [illegible]			»			»	»	*Idem.*
(164)	114	O.-S.-O.	197 00	295	26,097 50	2 50	1 [illegible]			»	Vanne.		5 00	»	Rizières.
(165)	114 1/2	O.-S.-O.	204 00	300	26,301 50	1 90	1 [illegible]			»	Travail d'art à exécuter.		»	»	*Idem.*
(166)	115 1/2	O.-S.-O.	210 00	303	26,511 50	0 40	3 [illegible]	Villages à droite.		»			»	»	Coton.
(167)	115 3/4	O.-S.-O.	182 00	277	26,693 50	0 40	3 [illegible]			»			»	»	Rizières.
(168)	115	O.-S.-O.	210 00	300	26,903 50	1 20	2 [illegible]			»			»	»	Rizières et coton.
A reporter			26,903 50	40,551						1,488			47 00		

Voir les observations, pages 60 et suivantes.

LECTURE DES INSTRUMENTS A CHAQUE STATION.								PRINCIPAUX VILLAGES.			COURS D'EAU, AQUEDUCS, ETC.				PRINCIPALES CULTURES SUR PIED et produits divers.
NUMÉRO d'ordre.	ANGLE de la visée avec l'aiguille aimantée, en grades.	DIRECTION de la visée.	DISTANCE entre les extrémités de la station, en mètres.	DISTANCE entre les extrémités de la station, en pas.	DISTANCE totale du point de départ.	HAUTEUR.	LARGEUR.	NOM en quoc-ngu.	NOM en caractères.	NOMBRE de cases.	NOM en quoc-ngu.	NOM en caractères.	LARGEUR.	PROFONDEUR.	
Report.			26,903 50	40,551						1,488			47 00		
(169)	116 1/4	O.-S.-O.	184 00	269	27,087 50	»	2m50	Phuong-de.	方啇	100			»	»	»
(170)	117	O.-S.-O.	30 00	42	27,117 50	»	2 50			»			»	»	»
(171)	121 1/2	O.-S.-O.	28 00	40	27,145 50	»	2 00			»			»	»	»
(172)	118 1/4	O.-S.-O.	202 00	300	27,347 50	1m60	2 50			»	Aqueduc.		4 00	»	Rizières.
(173)	119 1/2	O.-S.-O.	205 00	200	27,552 50	0 30	4 00			»			»	»	Labours.
(174)	119	O.-S.-O.	204 00	300	27,756 50	0 70	3 50			»			»	»	*Idem.*
(175)	118 1/4	O.-S.-O.	203 00	342	27,959 50	1 10	2 50			»			»	»	*Idem.*
(176)	118 3/4	O.-S.-O.	39 00	54	27,998 50	1 10	0 00			»			»	»	*Idem.*
(177)	118 3/4	O.-S.-O.	31 00	46	28,029 50	»	»			»	Song-roi.	滝檑	31 00	1 00	»
(178)	118 3/4	O.-S.-O.	138 00	212	28,167 50	0 30	5 00	Village.		25			»	»	»
(179)	104 1/4	O.	187 00	272	28,354 50	»	2 50	*Idem.*		50			»	»	Rizières.
(180)	99 1/4	O.	175 00	276	28,529 50	0 50	3 00			»			»	»	*Idem.*
A reporter.			28,529 50	42,974						1,663			82 00		

Voir les observations, pages 60 et suivantes.

LECTURE DES INSTRUMENTS A CHAQUE STATION.								PRINCIPAUX VILLAGES.			COURS D'EAU, AQUEDUCS, ETC.				PRINCIPALES CULTURES SUR PIED et produits divers.
NUMÉRO d'ordre.	ANGLE de la visée avec l'aiguille aimantée, en grades.	DIRECTION de la visée.	DISTANCE entre les extrémités de la station, en mètres.	DISTANCE entre les extrémités de la station, en pas.	DISTANCE totale du point de départ.	HAUTEUR.	LARGE[UR].	NOM [en] quoc-ngu.	NOM en caractères.	NOMBRE de cases.	NOM en quoc-ngu.	NOM en caractères.	LARGEUR.	PROFONDEUR.	
Report........................			28,520 50	42,974						1,003			82 00		
(181)	96	O.	202 00	300	28,731 50	0m50	3m00			»	Aqueduc.		1 00	»	Rizières.
(182)	98	O.	190 00	272	28,921 50	0 50	3 00	llage à 100 res, à droite.		40			»	»	Labours.
(183)	96 3/4	O.	190 00	300	29,111 50	1 40	2 10			»			»	»	*Idem.*
(184)	96 1/4	O.	205 00	300	29,316 50	1 60	1 30			»			»	»	*Idem.*
(185)	93 1/2	O.	30 00	44	29,346 50	»	2m50	Village.		»	Song-pham.	滝范	30 00	1 90	Coton.
(186)	93 1/2	O.	30 00	46	29,376 50	»	2 50	*Idem.*		250			»	»	*Idem.*
(187)	60	N.-O.	95 00	145	29,471 50	»	2 50			1			»	»	Labours.
(188)	60 1/2	N.-O.	108 00	157	29,579 50	»	3 00			»			»	»	*Idem.*
(189)	73 3/4	O.-N.-O.	31 00	58	29,610 50	»	2 50			»			»	»	Rizières.
(190)	50 3/4	N.-O.	190 00	296	29,800 50	0 50	4 00			»			»	»	*Idem.*
(191)	57	N.-O.	185 00	297	29,985 50	0 50	4 00			»			»	»	*Idem.*
(192)	58 1/4	N.-O.	203 00	300	30,188 50	0 60	2 50			»			»	»	*Idem.*
A reporter........................			30,188 50	45,459						1,054			113 00		

Voir les observations, pages 60 et suivantes.

LECTURE DES INSTRUMENTS A CHAQUE STATION.								PRINCIPAUX VILLAGES.			COURS D'EAU, AQUEDUCS, ETC.				PRINCIPALES CULTURES SUR PIED et produits divers.
NUMÉRO d'ordre.	ANGLE de la visée avec l'aiguille aimantée, en grades.	DIRECTION de la visée.	DISTANCE entre les extrémités de la station, en mètres.	DISTANCE entre les extrémités de la station, en pas.	DISTANCE totale du point de départ.	HAUTEUR.	LARGEUR.	NOM en quoc-ngu.	NOM en caractères.	NOMBRE de cases.	NOM en quoc-ngu.	NOM en caractères.	LARGEUR.	PROFONDEUR.	
Report			30,188 50	45,450						1,954			113 00		
(193)	58 3/4	N.-O.	96 00	138	30,284 50	0m40	3m0[illegible]			»			»	»	Coton.
(194)	84	O.-N.-O.	202 00	301	30,486 50	2 00	2 0[illegible]			»			»	»	*Idem.*
(195)	80 1/2	O.-N.-O.	81 00	122	30,567 50	0 45	2 0[illegible]			»			»	»	Labours.
(196)	73	O.-N.-O.	200 00	300	30,767 50	0 30	2 5[illegible]			»			»	»	Rizières.
(197)	74 1/4	O.-N.-O.	86 00	126	30,853 50	0 30	2 5[illegible]			»			»	»	*Idem.*
(198)	115 1/4	O.-S.-O.	37 50	59	30,891 00	0 60	2 0[illegible]			1			»	»	*Idem.*
(199)	78 1/4	O.-N.-O.	146 00	213	31,037 00	0 30	2 0[illegible]	[illegible]Co-dong.	古講	100	Aqueduc.		1 00	»	»
(200)	81 1/2	O.-N.-O.	93 00	136	31,130 00	1 00	2 0[illegible]			»			»	»	»
(201)	135	O.-S.-O.	28 75	35	31,158 75	»	2 0[illegible]			»			»	»	»
(202)	177 3/4	S.-S.-O.	28 50	46	31,187 25	»	2 0[illegible]			»			»	»	»
(203)	78	O.-N.-O.	63 50	104	31,250 75	»	2 5[illegible]			»	Aqueduc.		1 00	»	Labours.
(204)	59	N.-O.	155 00	240	31,405 75	»	2 [illegible]			»	*Idem.*		1 00	»	Briqueteries.
A reporter			31,405 75	47,279						2,055			116 00		

Voir les observations, pages 60 et suivantes.

LECTURE DES INSTRUMENTS A CHAQUE STATION.								PRINCIPAUX VILLAGES.			COURS D'EAU, AQUEDUCS, ETC.				PRINCIPALES CULTURES SUR PIED et produits divers.
NUMÉRO d'ordre.	ANGLE de la visée avec l'aiguille aimantée, en grades.	DIRECTION de la visée.	DISTANCE entre les extrémités de la station, en mètres.	DISTANCE entre les extrémités de la station, en pas.	DISTANCE totale du point de départ.	HAUTEUR.	LARGEUR.	NOM en quoc-ngu.	NOM en caractères.	NOMBRE de cases.	NOM en quoc-ngu.	NOM en caractères.	LARGEUR.	PROFONDEUR.	
Report			31,405 75	47,279						2,055			116 00		
(205)	75 3/4	O.-N.-O.	215 00	302	31,020 75	0m45	3m50			»			»	»	Rizières.
(206)	84 3/4	O.-N.-O.	195 00	292	31,815 75	1 00	3 50			»			»	»	*Idem.*
(207)	80 1/4	O.-N.-O.	205 00	300	32,020 75	1 25	3 00			»			»	»	»
(208)	78 3/4	O.-N.-O.	205 00	300	32,225 75	1 00	3 00			»			»	»	»
(209)	80	O.-N.-O.	205 00	300	32,430 75	2 10	3 00			»			»	»	»
(210)	78 1/2	O.-N.-O.	145 00	200	32,575 75	1 50	2 00			30	Aqueduc.		1 00	»	»
(211)	80 3/4	O.-N.-O.	124 00	193	32,000 75	1 30	3 00			200			»	»	»
(212)	82	O.-N.-O.	98 00	100	32,797 75	1 30	2 50			150			»	»	»
(213)	93 1/2	O.	184 00	200	32,981 75	»	2 50			»			»	»	»
(214)	110	O.-S.-O.	110 00	169	33,091 75	»	2 50			»			»	»	»
(215)	96	O.	86 50	146	33,178 25	2 50	2 50			»			»	»	»
(216)	70	O.-N.-O.	18 50	38	33,196 75	2 50	»			»	Cu-thanh.	具清	18 50	1 20	»
A reporter			33,196 75	40,902						2,435			135 50		

Voir les observations, pages 60 et suivantes.

LECTURE DES INSTRUMENTS A CHAQUE STATION.								PRINCIPAUX VILLAGES.			COURS D'EAU, AQUEDUCS, ETC.				PRINCIPALES CULTURES
NUMÉRO d'ordre.	ANGLE de la visée avec l'aiguille aimantée, en grades.	DIRECTION de la visée.	DISTANCE entre les extrémités de la station, en mètres.	DISTANCE entre les extrémités de la station, en pas.	DISTANCE totale du point de départ.	HAUTEUR.	LARGEUR.	NOM quoc-ngu.	NOM en caractères.	NOMBRE de cases.	NOM en quoc-ngu.	NOM en caractères.	LARGEUR.	PROFONDEUR.	SUR PIED et produits divers.
Report........................			33,196 75	49,902						9,435			135 50		
(217)	82	O.-N.-O.	205 00	300	33,401 75	1m80	»			»			»	»	»
(218)	81 1/2	O.-N.-O.	157 00	234	33,558 75	1 80	2 00			150			»	»	»
(219)	93 1/2	O.	181 00	162	33,739 75	»	2 0[illegible]			»			»	»	»
(220)	102 3/4	O.	38 50	61	33,778 25	»	2 [illegible]			»			»	»	»
(221)	100 1/2	O.	79 50	154	33,857 75	»	2 0[illegible]			»			»	»	»
(222)	80	O.	57 00	88	33,914 75	0 60	2 0[illegible]			»			»	»	Coton.
(223)	59 1/2	N.-O.	187 00	287	34,101 75	1 00	3 5[illegible]			»	Aqueduc		1 00	»	*Idem.*
(224)	58 1/4	N.-O.	154 00	235	34,255 75	0 50	3 0[illegible]			250			»	»	Labours.
(225)	56 1/2	N.-O.	97 00	157	34,352 75	»	2 0[illegible]			»			»	»	*Idem.*
(226)	62	N.-O.	75 00	115	34,427 75	»	2 0[illegible]			»			»	»	*Idem.*
(227)	62 1/4	N.-O.	85 00	192	34,512 75	»	2 0[illegible]			»			»	»	»
(228)	62 1/2	N.-O.	168 00	249	34,680 75	0 60	2 [illegible]			»			»	»	Labours.
A reporter......................			34,680 75	52,033						2,835			136 50		

Voir les observations, pages 60 et suivantes.

LECTURE DES INSTRUMENTS A CHAQUE STATION.									PRINCIPAUX VILLAGES.			COURS D'EAU, AQUEDUCS, ETC.				PRINCIPALES CULTURES SUR PIED et produits divers.
NUMÉRO d'ordre.	ANGLE de la visée avec l'aiguille aimantée, en grades.	DIRECTION de la visée.	DISTANCE entre les extrémités de la station, en mètres.	DISTANCE entre les extrémités de la station, en pas.	DISTANCE totale du point de départ.	HAUTEUR.	LARG[EUR].	NOM en quoc-ngu.	NOM en caractères.	NOMBRE de cases.	NOM en quoc-ngu.	NOM en caractères.	LARGEUR.	PROFONDEUR.	
Report........................			34,680 75	52,033						2,835			136 50		
(229)	95	O.	204 00	300	34,884 75	1m50	[illegible]			»			»	»	Labours.
(230)	92 3/4	O.	210 00	310	35,094 75	1 50	[illegible]			»			»	»	Rizières.
(231)	77 1/2	O.-N.-O.	290 00	304	35,384 75	1 50	[illegible]			»			»	»	*Idem.*
(232)	77 1/4	O.-N.-O.	210 00	300	35,594 75	1 50	[illegible]			»			»	»	*Idem.*
(233)	70 1/4	O.-N.-O.	108 00	154	35,702 75	1 50	[illegible]			»			»	»	*Idem.*
(234)	82	O.-N.-O.	88 50	138	35,791 25	1 50	[illegible]			»			»	»	*Idem.*
(235)	74 1/4	O.-N.-O.	102 00	167	35,893 25	1 30	[illegible]			»	Manh luat.	孟律	102 00	2 40	»
(236)	80 1/4	O.-N.-O.	207 00	305	36,100 25	0 60	[illegible]			1			»	»	Rizières.
(237)	82	O.-N.-O.	280 00	400	36,380 25	0 30	[illegible]			»			»	»	*Idem.*
(238)	83	O.-N.-O.	202 00	300	36,582 25	1 50	[illegible]			»			»	»	*Idem.*
(239)	85 1/2	O.-N.-O.	134 00	204	36,716 25	1 50	[illegible]			6			»	»	*Idem.*
(240)	104 1/2	O.	136 00	214	36,852 25	2 30	[illegible]			»			»	»	»
A reporter........................			36,852 25	55,129						2,842			238 50.		

Voir les observations, pages 60 et suivantes.

LECTURE DES INSTRUMENTS A CHAQUE STATION.								PRINCIPAUX VILLAGES.			COURS D'EAU, AQUEDUCS, ETC.				PRINCIPALES CULTURES SUR PIED et produits divers.
NUMÉRO d'ordre.	ANGLE de la visée avec l'aiguille aimantée, en grades.	DIRECTION de la visée.	DISTANCE entre les extrémités de la station, en mètres.	DISTANCE entre les extrémités de la station, en pas.	DISTANCE totale du point de départ.	HAUTEUR.	LARG[EUR].	NOM en quoc-ngu.	NOM en caractères.	NOMBRE de cases.	NOM en quoc-ngu.	NOM en caractères.	LARGEUR.	PROFONDEUR.	
Report…………			36,852 25	55,129						2,842			238 50		
(241)	35	N.-N.-O.	25 50	40	36,877 75	2m30	[illegible]			»	Co-phap ou Cau-day.	古法 求臺	25 50	1 60	»
(242)	92 1/2	O.	68 50	108	36,946 25	1 20	[illegible]			»			»	»	Labours.
(243)	104	O.	205 00	250	37,151 25	0 40	[illegible]			»			»	»	Ricins.
(244)	104 1/4	O.	210 00	255	37,361 25	»		Xac-khe.	確溪	30			»	»	»
(245)	109 1/2	O.	125 00	204	37,480 25	»	[illegible]			»			»	»	Rizières.
(246)	91 1/4	O.	50 00	73	37,545 25	0 40	[illegible]			»			»	»	*Idem.*
(247)	104 1/2	O.	200 00	300	37,745 25	0 50	[illegible]			»			»	»	*Idem.*
(248)	106	O.	191 00	300	37,936 25	0 50	[illegible]			»			»	»	*Idem.*
(249)	104	O.	197 00	300	38,133 25	0 50	[illegible]			»			»	»	Coton.
(250)	105 1/4	O.	204 00	300	38,837 25	0 40	[illegible]			1			»	»	*Idem.*
(251)	105	O.	102 00	250	38,499 25	0 30	[illegible]			»			»	»	Labours.
(252)	103	O.	185 00	244	38,084 25	1 00	[illegible]			»			»	»	*Idem.*
(253)	103 1/4	O.	180 00	300	33,873 25	1 50	[illegible]			»			»	»	*Idem.*
(254)	103 1/4	O.	54 00	93	38,927 25	1 90	[illegible]			»			»	»	Rizières.
(255)	108 3/4	O.	28 50	41	38,955 75	1 00	[illegible]			»	Cau-chay.	求煙	28 50	1 90	*Idem.*
A reporter…………			38,955 75	58,187						2,873			292 50		

Voir les observations, pages 60 et suivantes.

LECTURE DES INSTRUMENTS A CHAQUE STATION.								PRINCIPAUX VILLAGES.			COURS D'EAU, AQUEDUCS, ETC.				PRINCIPALES CULTURES SUR PIED et produits divers.
NUMÉRO d'ordre.	ANGLE de la visée avec l'aiguille aimantée, en grades.	DIRECTION de la visée.	DISTANCE entre les extrémités de la station, en mètres.	DISTANCE entre les extrémités de la station, en pas.	DISTANCE totale du point de départ.	HAUTEUR.	LARGEUR.	NOM en quoc-ngu.	NOM en caractères.	NOMBRE de cases.	NOM en quoc-ngu.	NOM en caractères.	LARGEUR.	PROFONDEUR.	
Report			38,955 75	58,187						2,873			202 50		
(256)	111	O.	93 00	125	39,048 75	0m15	[illegible]			»			»	»	Coton.
(257)	106 1/2	O.	174 00	270	39,222 75	0 20	[illegible]			»			»	»	*Idem.*
(258)	109 1/4	O.	135 00	196	39,357 75	0 20	[illegible]			»			»	»	Canne à sucre.
(259)	104 1/2	O.	190 00	280	39,547 75	0 15	[illegible]			»			»	»	*Idem.*
(260)	105 1/2	O.	195 00	287	39,742 75	0 15	[illegible]			»			»	»	Rizières.
(261)	105 1/2	O.	200 00	300	39,942 75	0 25	[illegible]			»			»	»	*Idem.*
(262)	105 3/4	O.	202 00	304	40,144 75	0 40	[illegible]			»			»	»	*Idem.*
(263)	105 3/4	O.	193 00	300	40,337 75	0 40	[illegible]			»			»	»	*Idem.*
(264)	107 3/4	O.	125 00	184	40,462 75	1 10	[illegible]			8			»	»	*Idem.*
(265)	109	O.	141 00	214	40,603 75	0 20	[illegible]			»			»	»	Sésames.
(266)	108 1/2	O.	128 00	204	40,731 75	1 40	[illegible]			»	Aqueduc.		1 00	»	Labours.
(267)	107	O.	191 00	300	40,922 75	»	[illegible]	Dông-khe.	同溪	300			»	»	»
(268)	106 1/4	O.	122 00	194	41,044 75	»	[illegible]	*Idem.*		»			»	»	»
(269)	120 1/2	O.-S.-O.	37 50	65	41,082 25	»	[illegible]	*Idem.*		»			»	»	»
(270)	200	S.	25 00	37	41,107 25	»	[illegible]	*Idem.*		»			»	»	»
A reporter			41,107 25	61,447						3,181			203 50		

Voir les observations, pages 60 et suivantes.

NUMÉRO d'ordre.	ANGLE de la visée avec l'aiguille aimantée, en grades.	DIRECTION de la visée.	DISTANCE entre les extrémités de la station, en mètres.	DISTANCE entre les extrémités de la station, en pas.	DISTANCE totale du point de départ.	HAUTEUR.	LARGEUR.	PRINCIPAUX VILLAGES. NOM en quoc-ngu.	NOM en caractères.	NOMBRE de cases.	COURS D'EAU, AQUEDUCS, ETC. NOM en quoc-ngu.	NOM en caractères.	LARGEUR.	PROFONDEUR.	PRINCIPALES CULTURES SUR PIED et produits divers.
Report			41,107 25	61,447						3,181			293 50		
(271)	103	O.	27 50	44	41,134 75	»	[illegible]	Dong-khe.		»			»	»	»
(272)	5	N.	19 00	32	41,153 75	»	[illegible]	*Idem.*		»			»	»	»
(273)	104	O.	66 50	110	41,220 25	»	[illegible]	*Idem.*		»			»	»	»
(274)	116	O.	52 00	88	41,272 25	1m40	[illegible]			»			»	»	Rizières.
(275)	110	O.	24 00	35	41,296 25	1 40	[illegible]			»	Cau-giao.	求交	24 00	1 35	*Idem.*
(276)	113	O.-S.-O.	126 00	187	41,422 25	0 60	[illegible]	Mang-nhe.	慢芮	300			»	»	»
(277)	109 1/2	O.	120 00	195	41,551 25	»	[illegible]	*Idem.*		»	Aqueduc.		1 00	»	»
(278)	108 1/2	O.	71 50	106	41,622 75	»	[illegible]	*Idem.*		»			»	»	»
(279)	102 1/2	O.	65 00	101	41,687 75	»	[illegible]	*Idem.*		»			»	»	»
(280)	106 1/4	O.	28 00	39	41,715 75	»	[illegible]			»			»	»	»
(281)	116	O.-S.-O.	144 00	160	41,850 75	»	[illegible]	Nhon-ly.	仁里	50			»	»	»
(282)	197 1/2	S.	99 00	135	41,958 75	»	[illegible]			»			»	»	Rizières.
(283)	193	S.	204 00	300	42,162 75	0 30	[illegible]			»			»	»	»
(284)	191 1/2	S.	202 00	300	42,364 75	0 30	[illegible]			»			»	»	»
(285)	190 1/2	S.	204 00	300	42,568 75	0 40	[illegible]	Village.		60			»	»	»
A reporter			42,568 75	63,570						3,591			318 50		

Voir les observations, pages 60 et suivantes.

LECTURE DES INSTRUMENTS A CHAQUE STATION.								PRINCIPAUX VILLAGES.			COURS D'EAU, AQUEDUCS, ETC.				PRINCIPALES CULTURES SUR PIED et produits divers.
NUMÉRO d'ordre.	ANGLE de la visée avec l'aiguille aimantée, en grades.	DIRECTION de la visée.	DISTANCE entre les extrémités de la station, en mètres.	DISTANCE entre les extrémités de la station, en pas.	DISTANCE totale du point de départ.	HAUTEUR.	LARGEUR.	NOM en quoc-ngu.	NOM en caractères.	NOMBRE de cases.	NOM en quoc-ngu.	NOM en caractères.	LARGEUR.	PROFONDEUR.	
Report			42,568 75	63,576						3,591			318 50		
(286)	180	S.	202 00	300	42,770 75	0m50	[illegible]			»			»	»	»
(287)	189	S.	203 00	300	42,973 75	0 60	[illegible]			»			»	»	»
(288)	189 1/4	S.	112 00	190	43,085 75	0 40	[illegible]			»			»	»	»
(289)	187	S.	202 00	292	43,287 75	0 20	[illegible]			»			»	»	»
(290)	180	S.	205 00	300	43,492 75	0 20	[illegible]	Village [illegible] la gauche.		12			»	»	»
(291)	191	S.	205 00	300	43,697 75	0 20	[illegible]			1	Aqueduc.		1 00	»	Rizières.
(292)	197	S.	200 00	300	43,897 75	0 20	[illegible]			1			»	»	*Idem.*
(293)	196 1/2	S.	130 00	180	44,027 75	1 30	[illegible]			»			»	»	*Idem.*
(294)	192 1/4	S.	153 00	210	44,180 75	1 50	[illegible]			»	Aqueduc.		3 00	»	Labours.
(295)	188	S.	205 00	305	44,385 75	1 50	[illegible]			»			»	»	*Idem.*
(296)	188	S.	205 00	300	44,590 75	0 60	[illegible]			»			»	»	*Idem.*
(297)	187 1/4	S.-S.-O.	204 00	302	44,794 75	0 30	[illegible]			»			»	»	Ricins.
(298)	187	S.-S.-O.	204 00	302	44,998 75	1 30	[illegible]			»			»	»	Coton.
(299)	186 3/4	S.-S.-O.	122 00	285	45,120 75	2 50	[illegible]			»			»	»	Rizières.
(300)	183	S.-S.-O.	1,400 00	»	46,520 75	2 50	[illegible]			»	Thai-binh.	太平	1,400 00	6 20	»
A reporter			46,520 75	67,442						3,605			1,722 50		

Voir les observations, pages 60 et suivantes.

LECTURE DES INSTRUMENTS A CHAQUE STATION.								PRINCIPAUX VILLAGES.			COURS D'EAU, AQUEDUCS, ETC.				PRINCIPALES CULTURES SUR PIED et produits divers.
NUMÉRO d'ordre.	ANGLE de la visée avec l'aiguille aimantée, en grades.	DIRECTION de la visée.	DISTANCE entre les extrémités de la station en mètres.	DISTANCE entre les extrémités de la station en pas.	DISTANCE totale du point de départ.	HAUTEUR.	LARGEUR.	NOM en quoc-ngu.	NOM en caractères.	NOMBRE de cases.	NOM en quoc-ngu.	NOM en caractères.	LARGEUR.	PROFONDEUR.	
Report........................			46,520 75	67,442						3,605			1,723 50		
(301)	180 3/4	S.-S.-O.	91 00	143	46,611 75	0ᵐ40	3ᵐ 60			»			»	»	»
(302)	178 1/4	S.-S.-O.	153 00	225	46,764 75	0 40	3 00			»			»	»	Labours.
(303)	178 1/4	S.-S.-O.	205 00	300	46,969 75	0 80	3 00			»			»	»	*Idem.*
(304)	180 1/2	S.-S.-O.	86 00	120	47,055 75	0 60	3 00			8			»	»	*Idem.*
(305)	178 1/4	S.-S.-O.	208 00	300	47,263 75	1 10	3 25			»			»	»	*Idem.*
(306)	178 3/4	S.-S.-O.	205 00	300	47,468 75	0 50	4 00			»			»	»	*Idem.*
(307)	183 1/2	S.-S.-O.	205 00	290	47,673 75	1 00	4 00			»			»	»	*Idem.*
(308)	183 3/4	S.-S.-O.	198 00	290	47,871 75	1 00	3 00			»			»	»	*Idem.*
(309)	183 1/2	S.-S.-O.	80 00	180	47,951 75	»	3 00	Hai-duong.	海陽	3,000			»	»	»
(310)	186	S.-S.-O.	76 00	110	48,027 75	»	3 00	*Idem.*		»			»	»	»
(311)	199 1/2	S.	71 50	107	48,099 25	»	3 00	*Idem.*		»			»	»	»
(312)	197 3/4	S.	127 00	131	48,226 25	»	3 00	*Idem.*		»			»	»	»
(313)	204	S.	158 00	145	48,384 25	1 30	3 00	*Idem.*		»			»	»	»
Totaux........................			48,377 25	70,080						6,613			1,723 50		

Voir les observations, page 60 et suivantes.

OBSERVATIONS.

Nous devions partir d'Hải-phong le mercredi 5 juillet dès le matin ; mais un malentendu et une pluie battante furent causes que nous attendîmes jusqu'à 1 heure de l'après-midi pour quitter le consulat. Nous traversons le Sông-bach-tham en sampan et débarquons à la douane annamite, où nous trouvons réunis nos coolies et notre escorte. La douane annamite se trouve au village de Hà-lý-hạ. 下里河 Après avoir pris congé du quản-lý et réparti les bagages entre les porteurs, nous nous mettons en route avec l'intention de commencer immédiatement notre travail. Malheureusement, au milieu de la circulation des coolies qui chargent et déchargent les bateaux accostés devant la douane, il nous est impossible de faire usage de nos instruments, et nous sommes réduits à attendre que nous soyons sortis de la partie habitée de cette rive du Sông-bach-tham pour commencer nos opérations.

Nous parcourons ainsi deux ou trois rues ; nous passons derrière la maison à étage où M. Constantin a installé l'agence des Messageries maritimes, et nous arrivons enfin à un mur nouvellement construit qui sert de clôture aux magasins de la compagnie chinoise de navigation à vapeur, à laquelle le gouvernement annamite a confié la mission de transporter dans les diverses villes de l'Annam le riz et le paddy provenant de l'impôt en nature, qui sont emmagasinés dans les entrepôts de la compagnie.

(0) C'est à l'angle le plus éloigné d'Hải-phong 海防 de ce mur d'enceinte que nous commençons nos opérations. La distance entre la douane annamite et ce point est de 1,100 pas constatés par le podomètre, qui est ensuite remis au zéro. En calculant ces pas seulement à raison de 0 mèt. 54 cent. l'un, à cause de la nature glissante du sol, on trouve que la distance serait de près de 600 mètres. C'est de ce point que nous comptons faire partir la voie ferrée au moins provisoirement, trouvant inutile de traverser le Sông-bach-tham, puisque le grand commerce tend au contraire à s'établir autour de la douane annamite.

Lors donc que nous parlerons d'une distance entre un point et Hải-phong, il faudra l'entendre du point où nous sommes et non du centre même de la ville. Le Cửa-cam est à environ 200 mètres de la chaussée, qui s'en éloigne d'ailleurs rapidement.

(1) Sans observation.

(2) Le talus primitif n'était qu'à 1 mèt. 30 cent. au-dessus des champs voisins. Il avait 7 mètres de large. A une époque toute récente, on a élevé sur le premier talus un autre talus moins large, laissant à sa base un sentier

de 50 centimètres environ de chaque côté, haut de 60 centimètres, et dont la couronne n'est plus que de 5 mètres. Ce fait se reproduit souvent, surtout dans le voisinage des cours d'eau. Nous nous contenterons à l'avenir de l'indiquer par ces mots: *talus surchargé à nouveau*, et les mesures données au tableau seront, comme ici, celles du talus total comme hauteur et comme largeur en couronne.

(3) Même observation, seulement le nouveau talus a 1 mètre de surélévation sur l'ancien.

(4) La surélévation du talus cesse et la chaussée est toute entière au même niveau. Les terres de gauche, dans lesquelles on a récolté du riz la saison dernière, ne sont pas encore retournées, quoiqu'au point de départ nous ayions trouvé des rizières où la plante avait plus de 40 centimètres de haut. Les champs de droite, jusqu'au fleuve, sont couverts de 80 centimètres d'eau. On voit qu'ils ont été cultivés en rizières lors des basses eaux.

(5) Sans observation.

(6) Sans observation.

(7) Sans observation.

(8) Sur la gauche, à 250 mètres environ, un village dont nous ignorons le nom. Il est entouré d'une haie de bambous et, au milieu des cases, on distingue d'assez nombreux aréquiers. A distance, on compte de 60 à 70 habitations couvertes en chaume de riz. A gauche, rizières et terres en labour. A droite, plaine inondée par le fleuve, mais cultivée comme rizières aux basses eaux.

(9) Maison isolée sur le bord de la chaussée. Fin du village précédemment indiqué.

(10) Talus nouvellement surélevé.

(11) A 500 mètres à gauche, village de 25 cases environ. Aréquiers et bambous dans le village. A droite, une petite chaussée relie la route à la digue qui borde le fleuve. Le Cửa-cam, dont la distance de la route avait augmenté, s'en rapproche sensiblement.

(12) Talus nouvellement surélevé. A 200 mètres à gauche, commencement d'un nouveau village d'environ 50 cases. Une petite chaussée de 1 mètre de large le relie à la route.

(13) Sans observation.

(14) A 250 mètres à gauche, nouveau village de 80 cases environ. Le nombre des villages aperçus à distance dans les diverses directions est tel qu'on peut dire qu'ils forment un rideau continu de verdure, à cause des haies de bambous qui les entourent. Aussi, désormais nous n'indiquerons que ceux qui présenteront quelque particularité remarquable.

(15) A droite, nouvelle chaussée reliant la route à la digue du bord du fleuve. Les rizières qui sont comprises entre la route et le fleuve, qui, jusqu'ici, étaient complètement noyées, commencent à émerger.

(16) Le fleuve fait un coude qui le rapproche de la route dont il n'est plus séparé que par un espace de 200 mètres. A gauche, groupes nombreux de villages comptant en moyenne 50 cases. On distingue au milieu d'elles plusieurs constructions en maçonnerie couvertes en tuiles qui ont l'apparence de pagodes. Entre ce point et le précédent, se trouve une petite briqueterie abandonnée et qui tombe en ruines.

(17) Sans observation.

(18) Les talus de la chaussée et de la digue qui borde le fleuve ont été faits avec les terres extraites de la partie qui les sépare. Aussi, depuis le début du chemin, les rizières de droite sont-elles en contre-bas de 30 centimètres et quelquefois davantage sur celles de gauche. De place en place, des témoins sont restés qui indiquent la hauteur primitive du sol. Ils sont généralement à peu près de niveau avec l'ancienne chaussée là où se trouvent deux talus superposés. De nombreuses briqueteries ont existé et existent encore de place en place. Elles ont contribué largement au creusement du sol.

(19) Ces deux points sont séparés par une courbe assez accentuée négligée dans la mesure de la route. Il s'y trouve plusieurs cases. Le fleuve continue à se rapprocher; il n'est plus qu'à 100 mètres de la route.

(20) Au bord de la chaussée et l'obstruant même en partie, se trouvent groupées une dizaine de cases servant de logement à des briquetiers dont les fours sont à droite et à gauche de la chaussée. Une chaussée de même largeur que celle que nous suivons conduit au fleuve. Elle a 4 mètres de base et 2 mètres de hauteur. Les briques sont faites grossièrement. La terre en est malaxée d'une manière insuffisante. Les fours servant à la cuisson sont faits avec la même argile que les briques et peuvent en contenir de 2,000 à 2,500. En somme, les briques produites sont de mauvaise qualité, souvent difformes et sonnant très-mal par suite du manque de cuisson, le bois étant très-rare. Elles sont portées à Hải-phong par des petites jonques qui sont amarrées au bord du fleuve. Rendues à Hải-phong et débarquées à terre, elles sont vendues 5 tiền le cent.

(21) Les briqueteries continuent sans interruption depuis le point précédent. On en compte au moins une trentaine dans cet espace restreint. Toutes ces briques sont employées à Hải-phong où se font de nombreuses constructions, spécialement sur la rive gauche du Sông-bach-tham, où les Chinois établissent des entrepôts importants. En général, d'après ce que nous affirme notre interprète dont nous avons pu contrôler le dire plusieurs fois pendant notre voyage, lorsqu'on veut construire ou réparer un édifice en maçonnerie dans l'intérieur, on préfère installer à pied d'œuvre un ou plusieurs fours à briques, plutôt que de faire venir les matériaux de briqueteries installées à demeure sur des points choisis. Il n'y a guère que les briques mandarines et certaines autres briques colossales employées dans les soubassements des pagodes qu'on fait venir des grandes briqueteries qui existent dans les environs de Bắc-ninh.

(22) Les briqueteries continuent. Nous en passons encore une dizaine. Le fleuve n'est plus qu'à 50 mètres de la route.

(23) Fin des briqueteries. Le fleuve est barré sur les trois quarts de sa largeur par une pêcherie.

(24) La route fait un angle dont il n'est pas tenu compte.

(25) Sans observation.

(26) Talus surélevé récemment.

(27) Talus surélevé récemment. Groupe de 15 cases sur le bord de la route.

(28) Il nous est impossible, à cause des dernières cases indiquées au point précédent, de placer la mire sur la chaussée. Le point visé se trouve donc à 1 mèt. 50 cent. de la route, dans la rizière de droite.

(29) Petite pagode en maçonnerie couverte en tuiles.

(30) Sans observation.

(31) Une briqueterie est établie dans l'axe même de la chaussée. Le talus qui longe le fleuve et lui servirait de digue s'il n'était coupé en de nombreux endroits, vient se confondre avec la route pour s'en détacher de nouveau à 100 mètres de là. Ce talus a 3 mètres de base et 1 mèt. 50 cent. de couronne ; sa hauteur est de 1 mèt. 50 cent.

(32) La route serpente légèrement entre les deux points extrêmes de la visée.

(33) Sans observation.

(34) Le talus qui borde le fleuve se confond définitivement avec la route.

(35) La route fait un demi-cercle de 15 mètres de diamètre dont il n'est pas tenu compte.

(36) Sans observation.

(37) Groupe de 8 à 10 cases en torchis couvertes en chaume de riz.

(38) Sans observation.

(39) Sans observation.

(40) Sans observation.

(41) Sans observation.

(42) A mi-chemin, entre le point précédent et celui-ci, se trouve un petit autel en maçonnerie qui, isolé dans la plaine, attire les regards d'une grande distance. Nous relevons spécialement ce point afin de fermer, en le visant à nouveau plus tard, la série de nos visées et d'en contrôler par suite l'exactitude.

(43) Talus surélevé récemment. Le fleuve dessine un grand coude vers la droite. La largeur approximative est de 500 mètres.

(44) En face et de l'autre côté du fleuve, un pont d'environ 15 mètres d'ouverture, composé de plusieurs travées et de la même apparence que ceux que nous rencontrerons plus tard sur la route de Quảng-yên à Hải-dương, donne passage à un cours d'eau qui se jette dans le Cửa-cam.

(45) La chaussée fait un demi-cercle de 5 mètres de rayon dont il n'est pas tenu compte.

(46) Ce point est à peu près dans l'axe de la nouvelle direction du fleuve.

(47) Sans observation.

(48) Groupe de 6 cases. La nuit approche et le chef de l'escorte nous avertit que si nous dépassons un village qu'il nous montre sur la gauche, nous serons un certain temps avant de trouver un abri convenable. Nous suspendons en conséquence nos opérations et, après avoir marqué par un piquet enfoncé en terre le point où nous avons cessé notre mensuration, nous contrôlons les opérations de la journée en relevant les angles sous lesquels se présentent deux points saillants déjà relevés dans le cours des visées. Ces deux points sont : 1° l'angle du mur d'enceinte de l'entrepôt de la compagnie chinoise de navigation à vapeur, du pied duquel nous sommes partis, et 2° le petit autel relevé à mi-chemin entre les stations 41 et 42. L'angle du mur se présente par 279 grades 1/2. L'autel est visé par 249 grades et 1/2. Disons de suite que, lorsque nous avons reporté notre travail sur le papier, nous avons eu la satisfaction de voir que, jusque-là tout au moins, notre travail était exact.

Le podomètre, au lieu de halte, indique 9,300 pas. L'addition des pas comptés à chaque station donne 9,324 ; mais nous avons déjà averti que cet écart venait de ce que le podomètre n'enregistre que les centaines de pas.

Le total des visées est de 5,955 mètres ; mais la voie ferrée négligeant les sinuosités de la chaussée actuelle, qui n'ont aucune raison d'être, n'aurait que 5,700 mètres environ de développement, dont 5,000 environ pourraient être tracés en ligne droite.

Le village de Công-mŷ 貢美 est à 500 mètres sur la gauche de la route. Nous y arrivons par un sentier établi sur les talus des rizières. Le village se compose d'une vingtaine de cases en paillottes dont la plupart sont d'un aspect assez misérable. Nous ne trouvons pour nous abriter qu'une case en torchis couverte en chaume de riz, mais dont nous devons reconnaître la propreté au moins relative. L'eau douce est rare, et ce n'est qu'avec une certaine difficulté que, malgré les averses qui se sont succédé toute la journée, nous pouvons nous procurer de l'eau de pluie pour nous laver. L'eau des rizières est saumâtre et coagule immédiatement le savon. Quant à l'eau pour la cuisine et la boisson, nous en obtenons une petite jarre. Elle est très-chargée de matières étrangères, et le filtre de voyage que nous employons à son épuration se bouche continuellement. Du reste, le riz et les légumes y cuisent bien après ce filtrage, et elle ne présente pas de mauvais goût.

Sur le chemin, entre la route et le village de Công-mŷ, nous avons rencontré une enceinte formée par des murs en briques dont les principaux pilastres se terminent par des pointes coniques fort aiguës. Au fond, sur un socle haut de 1 mèt. 40 cent., une chaise curule en maçonnerie forme le centre du monument. Devant elle se trouve un cube en maçonnerie servant de table ou d'autel et une série de blocs de maçonnerie rectangulaires placés symétriquement des deux côtés. Une case bâtie sur des colonnes en bois dur, qui reposent sur des socles en pierre, sert d'abri aux fidèles lors des cérémonies religieuses. Tout cet ensemble constitue ce que les indigènes appellent un tú-văn 秀文 Nous en trouverons beaucoup sur les bords de la route dans tout notre voyage, car ces autels en plein vent, sur lesquels les indigènes viennent déposer des offrandes pour obtenir la protection des génies bienfaisants sur les récoltes, sont excessivement répandus. Nous avons cru devoir décrire le tú-văn de Công-mỹ parce que, non-seulement il était le premier que nous rencontrions, mais encore parce que nous n'en avons pas rencontré plus de deux ou trois aussi complets. En général, dans les champs, le tú-văn ne se compose que de la chaise curule élevée sur son socle et les offrandes se déposent sur les rebords du socle. Ces offrandes se composent généralement de fleurs, d'allumettes parfumées et d'objets en papier sur lesquels nous aurons à revenir. Aucune image peinte ou sculptée ne représente une incarnation quelconque de la divinité. Le culte semble être rendu à un être suprême impersonnel, dont sans doute les fidèles se rendent peu compte.

De chaque côté du tú-văn nous remarquons à quelques pas en dehors de l'enceinte et de chaque côté, des bornes en pierre portant les deux caractères chinois 下馬 en très-grosse sculpture en relief. C'est ce qu'on appelle des Hạ-mã, c'est-à-dire une invitation aux voyageurs qui sont à cheval de descendre de sur leur monture par respect pour le lieu consacré au culte devant lequel ils vont passer. Toutes les pagodes un peu importantes sont précédées et suivies de hạ-mã semblables.

L'accueil de la population est sympathique, quoique empreint d'une curiosité souvent importune ; mais, en somme, chacun dans le village fait de son mieux pour nous procurer ce qui est utile soit à nous, soit à notre escorte. C'est du reste de la même façon que nous avons été accueillis sur tout le parcours, jusqu'à Hànội ; souvent nous étions gênés par la curiosité des populations ; mais jamais nous n'avons eu à nous plaindre d'un mauvais procédé ou d'un refus de nous rendre service.

Le jeudi 6 juillet, à 6 heures du matin, nous reprenons notre trajet malgré une petite pluie fine qui, outre qu'elle gêne les visées, rend le terrain fort glissant.

(49) Au départ, nous négligeons une courbe de 50 mètres de diamètre pour éviter les cases indiquées précédemment. L'eau est basse dans le fleuve dont les berges se découvrent sur une large bande. L'eau continue d'ailleurs à baisser.

(50) Sans observation.

(51) Sans observation.

(52) Le talus a été fortement surélevé depuis peu. L'ancien talus est couvert d'une couche épaisse de gazon. La route décrit une courbe légère.

(53) Pêcherie sur le fleuve.

(54) La route est coupée par une tranchée faite par les riverains en vue de faciliter l'écoulement de l'eau des rizières. Depuis la station précédente, nous nous éloignons du fleuve que nous avions suivi jusque-là. La tranchée a 5 mètres de largeur et 50 centimètres de profondeur d'eau.

(55) Nous abandonnons la route pour couper à travers champs sur les talus qui les séparent. La chaussée que nous quittons continue sur la gauche, faisant un angle de 65 grades avec la direction N.-S. Elle se dirige vers un groupe important de villages situés à 500 mètres de nous et dans lesquels on peut compter plus de 120 cases à travers les haies de bambous qui les entourent.

(56) Les talus des rizières, rendus glissants par la pluie, nous forcent à faire de très-petits pas. En outre, nous décrivons pour les suivre beaucoup de sinuosités dont il n'est pas possible de tenir compte. Cette observation concerne toute la partie du trajet jusqu'à notre arrivée à la route de Quảng-yên (station 71).

(57) Le point visé est au sommet d'une butte de 3 mètres de haut et de 6 mètres de diamètre qui se dresse au milieu de la plaine.

(58) Nous continuons à suivre les talus des rizières.

(59) Le talus se transforme en un petit chemin très-fréquenté de 1 mèt. 50 cent. de large. Aussitôt après avoir franchi ce point, nous passerons sur un aqueduc, dont la partie supérieure est formée par une dalle de marbre noir, large de 1 mètre et longue de 1 mèt. 50 cent. Un petit rebord est ménagé au pourtour afin de prévenir les chutes par glissement. Les extrémités de cette dalle sont encastrées en feuillure dans deux chapiteaux aussi en pierre de 1 mèt. 50 cent. de long sur 0 mèt. 25 cent. $\times$ 0 mèt. 25 cent., dont les extrémités, grossièrement sculptées, débordent en dehors de la route. Ces pierres sont elles-mêmes supportées par des piliers monolithes et cylindriques de même nature. Ce genre de construction est adopté d'une manière générale, non-seulement pour les aqueducs, mais encore pour les ponts, dans toute la partie de la route comprise entre ce point et Hải-dương, et indiquent assez une même provenance. Les indigènes nous indiquent d'ailleurs comme provenance le phũ de Kinh môn, huyện de Hiệp sơn, tông de Dương nhàm, montagne de Kinh chủ. Nous nous bornerons donc, lorsqu'ils seront comme celui que nous venons de décrire, de simples aqueducs, à indiquer que la route passe sur un aqueduc dallé. Leur usage est de permettre l'écoulement de l'eau des rizières.

(60) Sans observation.

(61) De nombreux travailleurs sont occupés à labourer les champs. Nous en rencontrons un certain nombre qui se rendent à leur travail, et comme

nous sommes obligés de leur barrer le passage pour qu'ils ne s'interposent pas entre la lunette et la mire, nous sommes amenés à examiner en détail leurs instruments aratoires. Chacun d'eux porte sur l'épaule sa charrue, le joug et les traits pour l'atteler, sa houe et parfois sa herse. Ces divers instruments ne paraissent d'ailleurs pas constituer une forte charge pour un homme. Les charrues sont en bois dur, fort lisse, de 0 mèt. 15 cent. de large sur 1 mèt. 30 cent. de long; généralement, le manche est formé par une partie recourbée du même morceau de bois; cependant, il est quelquefois fait d'une pièce rapportée et maintenue par deux tenons ou par des chevilles en bois. A 30 centimètres de la naissance du manche, le soc est recouvert d'une plaque de fer qui déborde d'environ 5 centimètres de chaque côté. Il se termine par une gaîne en fer, longue de 20 centimètres et prolongée par une pointe très-aiguë longue d'environ 12 centimètres. Les houes sont faites du même bois dur que les charrues. La palette a une forme courbe et mesure 18 centimètres de large; l'extrémité est revêtue d'une armature tranchante en fer. L'ensemble de la palette est fixé au manche par une clavette formant coin. Une particularité est l'angle très-aigu formé par le manche et le fer. Quant aux herses, elles se composent d'un simple morceau de bois d'un mètre de long dans lequel sont implantées deux rangées de pointes de 15 centimètres de long faisant ensemble un angle de 45 degrés. Une barre d'appui permet à l'ouvrier de se tenir en équilibre sur la herse et de la diriger en l'enfonçant dans le sol. Charrues et herses sont traînées par un seul buffle ou un seul bœuf attelé au moyen d'un joug en bois recourbé, relié à l'instrument par des cordes en fibres de cocotier ou plus souvent en fibres de ramie. Tous ces instruments permettent à peine de gratter le sol, et il faut que la nature du terrain soit d'une fertilité extrême pour que, dans de semblables conditions, il donne d'aussi belles récoltes que nous en avons vu partout. Notons en passant que nulle part nous n'avons vu trace de fumure, ce qui s'explique par l'absence de bétail dans le pays. Le bœuf est trapu, du genre zèbu, c'est-à-dire ayant une proéminence de chair à l'encolure.

(62) Nous passons à côté d'un groupe de 4 cases.

(63) Nous entrons dans une série de champs de coton et de ricins. La plupart des capsules de coton ont déjà été récoltées; cependant, il en reste quelques-unes de place en place et nous en profitons pour prendre un échantillon de ce produit. Il est parfaitement mûr; les graines sont petites mais très-adhérentes. Les soies ont de 2 centimètres à 25 millimètres. Elles sont très-résistantes, même avant d'être filées.

(64) Les champs de coton s'étendent à perte de vue dans toutes les directions.

(65) Sans observation.

(66) Le chemin se dirige vers un gros village de plus de 100 cases.

(67) Sans observation.

(68) Le chemin fait de nombreux circuits. On touche le coin des haies de bambous qui entourent le village sus-indiqué. Un chemin de 2 mètres de large suit le long de cette haie. A 20 mètres à droite de la station, se trouve une petite pagode dont la toiture en tuiles repose sur des colonnes en bois. Dessous se trouvent plusieurs pierres dressées verticalement et contenant l'indication des noms de ceux qui ont fait édifier la pagode. La date est illisible.

(69) A 100 mètres à gauche, un tombeau ayant l'apparence d'une maison d'habitation chinoise en maçonnerie. Il est abrité sous de grands arbres, dont nous trouvons les pareils autour des tombeaux, des pagodes et même des maisons d'habitation. Notre interprète les appelle des Cây-gia. 核加

(70) Sur la droite, un tú-văn couvert d'offrandes.

(71) Nous quittons les sentiers pour suivre la route de Hải-dương à Quảng-yên. Cette route vient de l'E. en ligne droite et se dirige vers l'O. avec une légère tendance vers le S. Les champs de coton continuent sur notre gauche, tandis que sur la droite le coton a été récolté, la plante arrachée, et les champs sont prêts à recevoir leur deuxième façon pour être ensemencés en maïs, en patates ou en riz, suivant les cas. Les indigènes font en effet en sorte de tirer du même sol deux et même trois récoltes par an, ainsi que leurs congénères de Basse-Cochinchine qui, sur certains giồng, récoltent du riz hâtif à la fin des pluies et du maïs en saison sèche. Dans toutes les directions, nombreux villages dont plusieurs sont fort importants.

(72) Sans observation.

(73) A gauche, deux grandes pagodes en maçonnerie dépendent des villages que nous cachent les haies de bambous.

(74) Groupe de maisons au nombre de 8 sur le bord de la route. La pagode la plus remarquable des deux déjà indiquées se trouve à 200 mètres à gauche de la station.

(75) Passé un aqueduc dallé.

(76) Groupe de 40 cases entourées de bambous. Depuis que nous suivons la route de Quảng-yên à Hải-dương, nous remarquons qu'elle est faite d'une terre un peu sablonneuse mais très-consistante. La nature du sol rappelle celle des giồng de Basse-Cochinchine. Celui-ci formerait un vaste plateau dont nous venons de monter un versant par une pente presqu'insensible à l'œil.

(77) Par le travers, à gauche, une pagode dans un village. A 300 mètres également, à gauche, un grand tombeau.

(78) Sans observation.

(79) Sans observation.

(80) Passé sur un aqueduc dallé.

(81) A droite de la route, les rizières deviennent légèrement sablonneuses.

(82) Groupe de cases (6 à 8). Les habitants du voisinage ont installé, dans la maison de repos qui se trouve au centre du groupe, un petit marché où ils vendent aux voyageurs du riz cuit, du thé et divers autres aliments tout prêts à être mangés. On trouve également dans cet endroit quelques autres marchandises, notamment des tourteaux d'arachides ou de sésame et des patates, mais ce semble être plutôt la charge des indigènes arrêtés pour nous laisser passer que des denrées exposées pour la vente.

(83) A gauche, un fort grand village du nom de Canh-Giáo. 更教. La haie de bambous qui l'entoure ne permet de distinguer qu'un amas de constructions en briques couvertes en tuiles, qui sont une grande pagode avec une bonzerie. Les murs, portiques et bâtiments de toute nature qui sont reliés à la pagode sont à environ 500 mètres de nous et présentent un développement de plus de 150 mètres. Si l'on en juge par l'enceinte de bambous qui l'entoure, le village de Canh-Giáo doit contenir plus de 200 cases.

(84) Sans observation.

(85) Sans observation.

(86) A droite et à gauche, champs de coton. On travaille activement à la récolte de ceux de droite, quoique les capsules n'en paraissent pas tout à fait mûres. Les champs de gauche sont déjà récoltés et même en partie arrachés.

Les parties ligneuses sont mises en bottes et transportées à domicile, où on les emploie pour le chauffage. Le coton non égrené mais débarrassé des capsules se vend sur place une ligature et demie la livre (cân).

(87) Sans observation.

(88) La chaussée qui, depuis que nous la suivons, était en très-bon état, est au contraire défoncée et mal entretenue.

(89) Entrée du village où nous faisons halte. C'est le siége d'un grand marché, et, lorsque nous y arrivons, nous voyons de loin un fourmillement d'individus sous les hangars en paillottes où se tient le marché. Les produits mis en vente n'ont rien de saillant: riz, paddy, arachides, sésame, patates, huile de sésame et d'arachides, coton égrené et non égrené, viande de porc crue et cuite, fraîche et salée, médecines chinoises, tourteaux de sésame et d'arachides, graines de ricins, etc., forment le fond des marchandises étalées dans les paniers. Dans les boutiques, on voit des blagues à tabac en lainage brodé, des garnitures de selles analogues, des pâtisseries communes, des noix d'arec en fort petite quantité et cassées en morceaux imperceptibles (plus loin, elles sont vendues par les marchands de médicaments), des objets de ménage indigènes, quelques poteries grossières. Dans les maisons du village, des femmes dévident de la soie, d'autres égrènent le coton avec de petits moulins à main qui semblent plutôt des joujoux que des instruments de travail. Sur la place et dans les rues, des enfants retournent au soleil les

capsules de coton cueillies avant maturité ou bien celles qui ont conservé l'humidité de la pluie ou de la rosée. D'autres, avec des perches d'environ 2 mètres de long, battent des tas de coton épais d'environ 20 centimètres pour détacher les capsules avant de donner le coton aux femmes chargées de l'égrener. Ce village, d'après les renseignements que nous donne par écrit le maire, porte le nom de Vụ-nông 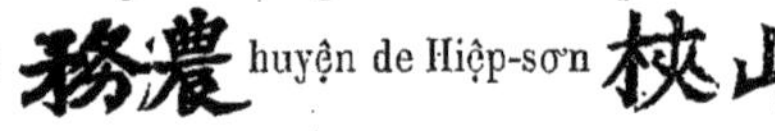 huyện de Hiệp-sơn phủ de Kinh-môn. 荊門 Cette étape du matin a été de 7,358 mètres. Le podomètre marque 11,000 pas. Le total des pas comptés entre les stations s'élève à 11,179. Il semble que le tracé naturel de la voie ferrée serait de décrire deux courbes, de sens opposé mais de très-grand rayon, pour relier le point où cesse la ligne droite partant d'Hải-phọng au point où la voie pourra suivre la route de Quảng-yên à Hải-dương. Ces deux courbes auraient ensemble une longueur d'environ 6,500 mètres en y comprenant la partie de 500 mètres qui fait partie du trajet effectué dans l'étape précédente. Du point de jonction à Vụ-nong, aucune difficulté n'empêcherait de suivre presque absolument la route de Quảng-yên, qui décrit là une courbe à peu près régulière, d'un rayon considérable. En supposant qu'on agisse ainsi, on aurait de ce chef un nouveau trajet de 1,000 mètres environ, soit au total, depuis le départ d'Hải-phong, environ 13,200 mètres. Avant de quitter le village de Vụ-nong, nous le parcourons sommairement et constatons avec quelque surprise que, malgré le mouvement considérable observé le matin au marché, le village est peu important. Il ne compte pas plus de 50 à 60 cases. Les halles du marché sont faites avec des bouts de bois non travaillés, à peine dégrossis, mal équilibrés et ajustés grossièrement. La toiture du marché est en rotin natté. Celles des cases du village sont en chaume de riz.

(90) Nous nous remettons en route à 2 heures et demie du soir et faisons notre première station à l'extrémité du village de Vụ-nong.

(91) Depuis Vụ-nong, la route est en mauvais état. Les champs de coton continuent à se développer des deux côtés de la route.

(92) Passé un aqueduc dallé en mauvais état. La route est bordée de mares ayant de 1 mèt. 50 cent. à 2 mètres de profondeur.

(93) A 200 mètres sur la droite, une grande pagode couverte en tuiles est la seule chose que nous pouvons distinguer dans le village auquel elle se rattache. Passé sur deux aqueducs dallés. La route a été nouvellement surélevée.

(94) A 50 mètres à gauche, deux constructions en maçonnerie que les indigènes disent être un moulin à décortiquer le paddy et une pagode.

(95) Groupe de 7 à 8 cases. A droite, mare profonde de 2 mètres.

(96) La route est en fort mauvais état.

(97) Sans observation.

(98) Passé un aqueduc dallé.

(99) Sans observation.

(100) Passé un aqueduc dallé.

(101) Sans observation.

(102) A 150 mètres sur la droite, nous apercevons un fleuve auquel l'interprète donne le nom de Phủ-kinh-giang; 府荆江 à cet endroit, ce fleuve forme une île dont l'œil peut suivre les contours.

(103) A gauche, groupe de 5 à 6 cases, gros arbres, aqueduc dallé.

(104) Sans observation.

(105) Le fleuve est à environ 150 mètres, sa largeur est d'environ 350 mètres.

(106) Case isolée au bord de la route.

(107) Sans observation.

(108) Sans observation.

(109) Sans observation.

(110) Depuis la 105e station, le Phủ-kinh-giang est resté en vue, maintenant il s'éloigne. A gauche, se trouve un fossé servant de déversoir aux eaux des rizières. Il est presque complétement à sec à l'époque de notre passage. Son cours, qui se dirige vers la chaussée, est coupé par elle. Une dépression analogue du terrain se trouve en prolongement sur la droite, dans la direction du Phủ-kinh-giang. Dans le lit de ce cours d'eau, qui est en contre-bas de 1 mèt. 50 cent. à 2 mètres des champs voisins, les indigènes ont repiqué, il y a peu de temps, du riz nouveau.

(111) Cette partie de la chaussée, qui obstrue le cours de l'arroyo dont nous venons de parler, a été refaite entièrement il y a peu de temps. Il est probable qu'elle a cédé, lors des grandes eaux, à la double pression des eaux du Phủ-kinh-giang et de celles de l'arroyo dont elle barre le cours. Ce doit même être là un événement pour ainsi dire périodique. Il serait utile d'établir en ce point soit un petit pont, soit un aqueduc, sauf à retenir les eaux par une vanne ou tout autre moyen analogue, si elles sont utiles à l'agriculture.

(112) Fin du talus faisant barrage. Quoique la distance de cette station à la précédente soit de 105 mètres, la partie de la chaussée que vient lécher l'eau de l'arroyo n'a pas plus de 15 mètres de longueur. L'aqueduc doit donc être, au maximum, large de 15 mètres.

(113) Talus d'ancienne construction, bien tassé et couvert d'herbe. A droite, près de la route, une case couverte en tuiles servant d'abri aux voyageurs.

(114) Sans observation.

(115) A gauche, une case couverte en tuiles.

(116) Le Phủ-kinh-giang forme une île dont la pointe est par le travers de la station. — La distance de la route au fleuve est d'environ 500 mètres. — Des rizières continues occupent le terrain intermédiaire, qui semble cependant être inondé une partie de l'année.

(117) Talus refait à neuf dans la moitié de sa hauteur.

(118) Le fleuve dessine un coude qui l'éloigne de la route.

(119) Passé entre de nombreuses cases (25 à 30) placées des deux côtés de la route et au même niveau qu'elle. — A gauche, un gros arbre.

(120) Entrée d'un village important.

(121) Nous sommes dans le village. — A droite, nous voyons sur le bord de la route un groupe de hangars servant de marché. Sous l'un d'eux, une vieille femme a dans un panier quelques poignées d'un riz entièrement rouge. C'est, paraît-il, une variété de riz sauvage que récoltent et mangent les indigents.

(122) La station se trouve dans l'axe d'une chaussée qui s'étend vers la droite et conduit à une grande pagode où le chef d'escorte a fait préparer notre logement pour la nuit. Un peu avant la chaussée, se trouve un hạ-mã semblable à celui que nous avons décrit à Công-mỹ. — Le village où nous sommes et qui s'étend depuis la 120e station jusqu'à la 125e, c'est-à-dire sur une longueur de plus de 400 mètres, porte le nom de Cổ-phước 古福. Le nombre des cases dépasse certainement 350. — La longueur de l'étape de l'après-midi a été de 5,676 mètres; le podomètre marque 8,300 pas, et l'addition de ceux comptés entre les diverses stations donne un total de 8,405 pas. — Avant d'arriver à Cổ-phước, à la 119e station, nous avons relevé comme contrôle de la précision de nos opérations l'angle sous lequel se présentait la montagne appelée par les Annamites Núi-ông-Voi 岗翁𤠄 et portée sur les cartes sous le nom de Montagne de l'Éléphant. Elle est relevée par 217 grades et demi de la direction N.-S. — D'autres visées de cette même montagne et de celle que les cartes appellent Montagne de la Pagode et que les Annamites appellent Yên-phụ-sơn 烟父山 seront prises dans les étapes suivantes en vue du même contrôle. — La pagode où nous passons la nuit du 6 au 7 juillet est orientée exactement E.-O., la façade principale étant tournée vers le Sud. A de très-rares exceptions près, les pagodes sont ainsi orientées. Devant la pagode, un grand bassin, en partie entouré de murs, sert de réservoir pour l'eau de pluie et de bassin pour la culture des nénuphars employés à l'entretien de la décoration de l'autel. — Autour de la pagode se trouvent quelques pierres commémoratives dont les inscriptions sont frustes et illisibles. — Nous remarquons le système de construction de la toiture de la pagode, système qui est du reste celui adopté dans celles que nous rencontrerons par la suite, tout au moins en deçà d'Hải-dương. — La pagode

est formée de plusieurs travées composées de grosses colonnes en bois de 50 centimètres de diamètre environ, supportant les arbalétriers. Ceux-ci sont réunis entre eux par des baliveaux formant panne, sur lesquels repose un lattis de 10 centimètres, espacé de 10 centimètres lorsqu'il est en bois et jointif lorsqu'il est en bambou. Sur ce lattis, des débris de tuiles sont arrangés ainsi que des tuiles plates de 2 centimètres d'épaisseur, sans crochet, et dont l'extrémité forme fleuron. Elles sont rangées bien symétriquement et simplement posées à plat au tiers du pureau. La pagode ne contient ni statues ni images quelconques d'une divinité personnifiée, et nous ne pouvons que répéter à ce sujet ce que nous avons dit à propos du tú-văn dé Công-mỷ sur le caractère spiritualiste du culte.

(123) A 6 heures du matin, nous nous remettons en route le vendredi 7 juillet et continuons la traversée du village de Cồ-phước.

(124) Groupe de cases continuant le village. Dans les diverses directions, nous apercevons des cases faisant partie de ce centre. Un chemin coupe la route. Il conduit à droite au Phú-kinh-giang et à gauche à un grand village d'une cinquantaine de cases dont la pagode est visible à 300 mètres.

(125) Le village continue et notre route se trouve entre des haies de bambous, des mares peu profondes et les cases des indigènes.

(126) Le fleuve, qui nous avait été caché par les villages, nous réapparaît à 500 mètres pour disparaître presque aussitôt. Visé la montagne de Yên-phụ-sơn (Montagne de la Pagode), par 37 grades 1/4.

(127) Sans observation.

(128) Sans observation.

(129) Sans observation.

(130) Groupe de 5 à 6 cases.

(131) Sans observation.

(132) Sans observation.

(133) Mare à droite. La route descend sensiblement.

(134) Sans observation.

(135) Depuis notre départ de Cồ-phước, nous sommes presque constamment au milieu de groupes de cases.

(136) La route devient légèrement sablonneuse.

(137) Sans observation.

(138) Sans observation.

(139) Relevé la montagne de Yên-phụ-sơn, par 33 grades.

(140) Depuis un moment, le Phủ-kinh-giang coule parallèlement à la route. A la 130e station, il était à 400 mètres; depuis, il s'est rapproché insensiblement et il n'est plus qu'à 250 mètres. Une légère nappe d'eau recouvre les rizières comprises entre la chaussée et le fleuve.

(141) A l'œil, la station est sensiblement sur une ligne droite, réunissant les sommets des montagnes de Yên-phụ-sơn et de Núi-ông-Voi; aussi prenons-nous la position de ces deux sommets qui font, avec la direction de l'aiguille aimantée, Yên-phụ-sơn un angle de 31 grades et Núi-ông-Voi un angle de 225 grades 1/2 (1).

(142) Sans observation.

(143) Groupe de 5 ou 6 cases sur le bord de la route.

(144) Depuis la station précédente, la route est bordée par une haie en bambous qui dissimule un village de 45 à 50 cases au moins.

(145) La haie de bambous continue. Aperçu le Phủ-kinh-giang à 300 mètres environ.

(146) Un gros arbre sur le bord de la route, à droite.

(147) Talus surchargé nouvellement. Ce talus est dans le même cas que celui de la 110e station; il barre le cours d'un petit arroyo ou fossé artificiel d'environ 15 mètres de large, dont on voit le lit serpenter depuis 200 mètres, à la gauche de la route. Il serait sans doute utile à ce point, comme à la 110e station, de faire un pont ou un aqueduc de 4 ou 5 mètres d'ouverture avec une vanne pouvant retenir les eaux en cas de besoin. — Passé deux aqueducs dallés.

(148) Le fleuve n'est plus qu'à 200 mètres de la chaussée. — Nous traversons un village de 40 cases environ, du nom de Bô-thái. 庵太 Entre les cases, se trouvent un certain nombre de cây-gia et de badamiers. Deux petits chemins viennent aboutir à ce village, l'un le met en communication avec le fleuve, l'autre vient de la gauche, dans une direction presque parallèle à la route. Comme depuis plusieurs stations la chaussée a abandonné son ancienne direction, nous admettons facilement le dire des indigènes qui donnent ce chemin comme étant l'ancienne route.

(149) De l'autre côté de la rivière se trouve la résidence du phủ sur le territoire duquel nous sommes. Des riverains, interrogés par nous, donnent à cette rivière le nom de Thái-giang ou Sông-thái. 泰江 Sa direction et sa position indiquent cependant que c'est la même rivière qui nous a été désignée sous le nom de Phủ-kinh-giang. Il n'est, du reste, pas rare de voir les indigènes donner successivement plusieurs noms au même cours d'eau.

---

(1) Nous n'avons jamais fait de correction à propos de la déclinaison de la boussole.

(150) Sans observation.

(151) A cette station, nous relevons à nouveau les positions des montagnes qui doivent nous servir à contrôler la précision de nos opérations. — Núi-ông-Voi forme, avec l'aiguille aimantée, un angle de 231 grades. — Le sommet le plus éloigné de Yên-phụ-sơn, sur lequel ont été dirigées les visées précédentes, forme un angle de 13 grades 1/4 ; enfin, la pagode du sommet voisin, qui a donné à la montagne son nom français, et sur laquelle seront dirigées désormais les visées, fait un angle de 11 grades 1/2.

(152) Sans observation.

(153) Sans observation.

(154) Talus surélevé récemment. — Sur la route, nous passons à côté d'un tas de terre ayant un peu la forme d'une tombe, mais d'un relief plus accentué et occupant la moitié de la chaussée. C'est un autel primitif, où les indigènes déposent des offrandes pour écarter l'influence des mauvais esprits, tandis que les tứ-văn sont, au contraire, destinés à attirer les bonnes influences des esprits favorables. — Nous avons déjà rencontré plusieurs de ces autels et, dans la suite du voyage, nous en verrons d'autres ; mais ces simples amas de terre étant quelquefois abandonnés et remplacés par d'autres dans d'autres endroits, nous ne les avons pas indiqués au passage. Les offrandes faites sur ces autels sont sans valeur.

(155) Talus refait à neuf. — Dépassé un groupe de 7 ou 8 cases, à 15 mètres de la station. — A gauche, on voit un petit cours d'eau dont le lit peut avoir, aux hautes eaux, de 20 à 25 mètres de large. Actuellement, il n'y a pas plus de 5 mètres occupés par l'eau. Le reste est cultivé en rizières. — Comme les cours d'eau signalés aux stations 110 et 147, celui-ci a son cours barré par le talus de la route. Il y aurait donc lieu, là aussi, de faire un aqueduc avec une vanne pour retenir les eaux. — Au pied de l'une des cases, se trouve une borne qui indique qu'autrefois il y avait un pont en cet endroit. — Nous prenons de nouvelles visées des montagnes et nous trouvons pour Núi-ông-Voi 233 grades 1/4 ; pour le sommet le plus éloigné de Yên-phụ-sơn, 6 grades, et, pour la pagode du sommet voisin, 4 grades.

(156) Nous retrouvons des champs de coton de place en place.

(157) Sans observation.

(158) Sans observation.

(159) Nous sommes approximativement par le travers de la pagode de Yên-phụ-sơn. Elle forme avec la ligne N.-S. un angle de 393 grades 1/4. Núi-ông-Voi fait un angle de 235 grades 1/2.

(160) Passé un aqueduc dallé. — Le point où nous sommes forme le centre d'un village d'une cinquantaine de cases.

(161) Sans observation.

(162) Passé un groupe de 15 cases environ, avec petit marché.

(163) Sans observation.

(164) Talus neuf. — A droite, à 200 mètres, un cours d'eau qu'on nous dit être le Sông-van, 滝唄 et qui se jette dans le Sông-thái. — Sur la gauche, un petit arroyo de 15 mètres de large serpente dans les rizières. On aperçoit dessus plusieurs ponts en bois dont le plus proche a 15 mètres d'ouverture. Un autre, qui est à 1,200 ou 1,500 mètres de nous, présente onze travées qui paraissent avoir chacune 3 mètres d'ouverture. Cet arroyo s'appelle le Sông-quình. 滝瓊 Il semble vouloir aller se déverser dans la rivière de droite; mais, arrêté par le talus de la route, il fait un brusque crochet et repart, vers la gauche, dans l'intérieur des terres.

(165) Le Sông-quình touche absolument le talus de la route, et son lit est aussi bien tracé à droite qu'à gauche de la chaussée. Il y aurait lieu de faire ici, comme aux stations 110, 147 et 155, un aqueduc avec vanne d'environ 5 mètres d'ouverture.

(166) La rivière, que les indigènes appellent Sông-van, se montre un moment à droite, entre deux villages; mais elle disparaît immédiatement dans un coude brusque. — Champs de coton.

(167) Sans observation.

(168) On repique les rizières. — De place en place, des champs de coton.

(169) Entrée d'un marché et d'un village où réside un chef de canton. Ce fonctionnaire vient nous recevoir et nous conduit à la pagode où nous devons résider. A la station même se trouve un hạ-mã qui indique que la pagode n'est pas bien éloignée.

(170) La station est dans l'axe du chemin qui conduit à la pagode. La pagode proprement dite est à peu près à 100 mètres de la route, mais ses dépendances, bassins pour conserver l'eau, murs d'enceinte, bâtiments annexes, viennent jusqu'au bord de la route. — Cette pagode est au centre du village de Phương-Dệ, 方裔 canton de Cam-đường 甘棠 huyện de Kim-thành, 金城 phủ de Kiên-thoại. 建瑞

La longueur de notre étape a été de 8,128 mèt. 50 cent.; le podomètre indique 11,800 pas, et le total des pas comptés entre chaque station est de 11,954. — La pagode est, comme celle de Cổ-phước, orientée de manière à regarder le Sud. L'eau douce est toujours rare, et celle que nous finissons par obtenir est surchargée d'une grande quantité de matières étrangères. Comme à Cóng-mỹ, nous sommes obligés de nettoyer constamment le filtre; cependant elle ne coagule pas le savon. — Notre approvisionnement de sapèques étant épuisé, nous envoyons les *boys* changer quelques piastres au marché. Le change est ici de 6 ligatures 5 tiền. — Nous achetons aussi quelques provisions parmi lesquelles nous notons qu'un jeune poulet nous est vendu 3 tiền; une douzaine d'œufs, 3 tiền; un fourneau en terre cuite, 2 tiền. — Phương-Đệ compte environ 100 cases.

(171) Arrivés à la halte à 10 heures et demie du matin, nous en repartons à 2 heures et demie pour continuer notre voyage, et faisons notre première station dans le marché même. Les hangars destinés à abriter les marchands sont presque confortables. En tous cas, ils sont de beaucoup les mieux conditionnés que nous ayions encore vus.

(172) Passé un aqueduc dallé un peu avant d'arriver à la station. Cet aqueduc a 4 mètres d'ouverture et se compose de 3 travées semblables à celles que nous avons décrites pour les aqueducs simples, et portées de même par des colonnes monolithes.

(173) Sans observation.

(174) Sans observation.

(175) Passé devant un tombeau en ruines.

(176) Station prise au bord du Sông-roi. 滝櫑 Cet arroyo est traversé au moyen d'un pont sur pilotis dont le tablier est partie en planches et partie en bambous.

(177) Le Sông-roi, sur l'autre rive duquel est cette station, a 31 mètres de large et 1 mèt. 60 cent. de profondeur. Le niveau de l'eau est à 1 mèt. 50 cent. au-dessous de celui de la chaussée.

(178) Traversé un petit village de 25 cases. — Sur la droite, près de la station, se trouve un autel en maçonnerie où nous remarquons, pour la première fois depuis le départ d'Hải-phong, une statue de Bouddha en pierre. Les offrandes sont aussi d'un autre genre, on y remarque des chevaux en papier, des figures humaines, des souliers, en un mot des objets plus ou moins travaillés. — Nous reviendrons sur ces images en papier lorsque nous passerons devant un des villages où on les fabrique en grande quantité.

(179) Village d'une cinquantaine de cases à gauche de la route.

(180) Sans observation.

(181) Passé un aqueduc dallé.

(182) Village de 40 cases à 100 mètres à droite.

(183) Nous côtoyons un arroyo qui coule à gauche de la route. C'est le Sông-phạm 滝范 qui a environ 30 mètres de large et que nous traverserons tout à l'heure.

(184) Le talus a été surélevé des deux tiers il y a fort peu de temps. — Nous sommes au point où le Sông-phạm coupe la route et au commencement du pont jeté sur cet arroyo par les indigènes, en remplacement d'un ancien pont en dallage qu'on a laissé tomber en ruines et dont un pilier gît à 25 mètres en aval de la route.

(185) Station sur l'autre rive du Sông-phạm. — Le pont sur lequel nous venons de passer est supporté par des troncs d'aréquiers; le tablier est en bambous. — Le Sông-phạm a 30 mètres de largeur et 1 mèt. 90 cent. de profondeur d'eau au centre. La hauteur du tablier du pont au-dessus de l'eau est de 2 mètres environ. Les pieux en aréquier qui supportent le tablier du pont sont espacés d'environ 5 mètres les uns des autres. — À l'extrémité du pont où nous sommes, le Sông-phạm reçoit un affluent venant de l'Ouest qui est lui-même surmonté par un pont en dallage de trois travées.

(186) Nous sommes dans un village qui a commencé presque à l'extrémité du pont et qui se continue jusqu'à la 190e station, c'est-à-dire pendant une longueur de plus de 450 mètres. La haie de bambous qui enceint le village empêche de se rendre compte du nombre des cases. Cependant on peut, d'après la longueur du village, supposer qu'il en contient au moins 250.

(187) Le village continue.

(188) La route est barrée par une grande pagode avec portiques, annexes, dépendances et murs de clôture en grosses briques.

(189) Visée prise par-dessus les murs d'enceinte de la pagode. — Devant la porte principale de la pagode se trouvent des mares qui ont l'une 1 mètre et l'autre 1 mèt. 30 cent. de profondeur et sont remplies de nénuphars.

(190) Nouvelle pagode sur la droite.

(191) Sans observation.

(192) Sans observation.

(193) Sans observation.

(194) A gauche, un grand tú-văn tournant le dos à la route.

(195) Sans observation.

(196) Sans observation.

(197) Sans observation.

(198) Case isolée sur le bord de la route.

(199) Quoique la chaussée ne soit qu'à une hauteur de 30 centimètres, il est bon de remarquer qu'elle est souvent à 1 mètre et 1 mèt. 50 cent. de hauteur entre cette station et la précédente. — La distance presque entière est occupée sur la gauche par une haie de bambous qui entoure un village d'une centaine de cases du nom de Cổ-dảng. 古講 — Passé un aqueduc dallé recouvert de 50 centimètres de terre. — Sur la gauche, une

chaussée de 1 mèt. 50 cent. de large conduit aux villages voisins qui semblent avoir, eux aussi, une certaine importance.

(200) Station prise près d'une pagode où nous faisons halte pour la nuit. Sur la route, nous cherchons en vain les hạ-mã ordinaires; nous entrons d'ailleurs dans la pagode par une de ses portes latérales après avoir longé des cours enceintes de murs en briques et dans lesquelles se trouvent plusieurs autels, des tú-văn et des pierres commémoratives. Du côté de sa façade principale, qui est orientée mathématiquement d'après la direction de l'aiguille aimantée et qui regarde le midi, la pagode présente une vaste cour close par un mur continu en briques à claire-voie. En face du sanctuaire, le mur laisse ouverte une porte encadrée par deux piliers en maçonnerie de 3 mètres de hauteur surmontés par des dragons en métal. A droite et à gauche de cette entrée principale se trouvent deux petites portes de 1 mètre de large et de 2 mètres de haut surmontées d'un toit chinois à deux étages. Dans la cour, deux grands hangars, couverts en tuiles et éloignés d'environ 1 mètre du mur d'enceinte, sont destinés au public lors des cérémonies religieuses. Ces hangars ont environ 10 mètres de long; ils sont placés perpendiculairement à la pagode elle-même. En continuant à suivre le mur d'enceinte pour se rapprocher de la pagode, on trouve de chaque côté une porte semblable à celles qui flanquent l'entrée principale, mais dont les toits chinois sont à un seul étage. Ces portes conduisent dans les cours latérales que nous avons déjà indiquées; puis une grande salle couverte, supportée par 24 piliers de 60 centimètres de diamètre, en bois, portés sur des socles en pierre, fait face au sanctuaire dont elle n'est séparée que par une petite cour de 2 mètres de large, dallée en carreaux de terre cuite et dans laquelle seulement nous trouvons des hạ-mã. Cette salle est ornée de nombreuses sculptures; les principales pièces de la charpente sont sculptées à jour et le travail en est bien fini. Tandis que, dans presque toutes les pagodes que nous avons vues et que nous verrons par la suite, la toiture est supportée par des morceaux de bois rond servant de pannes, ici les pannes sont équarries régulièrement et même rabotées jusqu'à un certain point. Les tuiles sont placées sur deux épaisseurs séparées par un mélange de débris dont on a fait un véritable béton, en les additionnant de beaucoup de mortier très-riche en chaux. La pagode et les murs d'enceinte sont construits en briques, et nous constatons qu'une partie de ces briques, surtout celles employées aux parties les plus proches du sanctuaire, ont jusqu'à $0^m50 \times 0^m30 \times 0^m06$. Les unes et les autres ont une grande dureté; elles sont cependant peu sonores. Le mortier employé pour la construction est d'excellente qualité. La chaux y est prodiguée. Les pierres calcaires employées sont, au dire des habitants du pays, extraites de la montagne de Kinh-chư-sơn, 荊主山 qui se trouve dans le phủ de Kinh-môn, 荊門 huyện de Hiệp-sơn 梜山 canton de Dương-nhàm. 陽岩 Cette montagne se trouve dans les environs d'Hai-phong et

les Européens ont l'habitude d'y aller à la chasse. Le mortier lui-même est employé avec une énorme prodigalité et, dans le mur d'enceinte, les couches de mortier forment des assises égales aux lits de briques, ce qui produit à l'œil un mélange de couleurs agréable; les tuiles sont minces, mais bien sonores et d'une belle coloration rouge, tandis que les grandes briques, moins sonores mais aussi dures, ont une teinte jaunâtre qui les ferait prendre pour des produits réfractaires; dans les cours latérales les divers monuments sont sans intérêt; nous notons cependant que la pierre commémorative qui porte la date la plus ancienne ne remonte qu'à la seconde année du règne de Tự-Đức; elle indique que la pagode fait partie du village de Cỏ-dáng, phủ de Kiến-thọai, 建瑞 huyện de Kim-thành, 金城 canton de Lai-vũ. 來廡 L'eau est encore plus difficile à obtenir dans ce village que dans ceux que nous avons déjà traversés. Les denrées alimentaires y sont également vendues plus cher qu'ailleurs et les habitants commencent même par refuser à vendre à n'importe quel prix. Enfin, grâce à l'intervention du dội et du maire du village, ils se décident, mais ils demandent 5 tiền d'une noix de coco, 8 tiền d'une douzaine d'œufs et 7 tiền d'un poulet; enfin, après beaucoup de pourparlers, on nous laisse les cocos à 3 tiền, les poulets à 5 tiền et les œufs à 5 tiền la douzaine; c'est presque le double de ce que nous avons payé jusqu'ici, mais plus nous nous éloignerons d'Hảiphong, plus le prix de ces denrées s'élèvera. L'étape de l'après-midi du 7 juillet a été de 4,012 mèt. 50 cent. Le podomètre marque 5,900 pas et le total de ceux comptés entre les diverses stations est de 5,992.

(201) Nous partons de Cỏ-Đóng le samedi 8 juillet 1882, à 6 heures du matin; au départ, il nous faut contourner la pagode et notre première station est entre elle et le marché.

(202) Nous sommes à un autre angle des bâtiments annexes de la pagode.

(203) Passé un aqueduc dallé.

(204) La route fait quelques détours que nous négligeons, passé un aqueduc dallé recouvert de 0 mèt. 20 cent. de terre; à droite, à peu de distance, une pagode en construction est accompagnée de deux fours à briques chargés de fournir les matériaux aux ouvriers.

(205) La route fait un angle négligé dans nos mesures.

(206) De tous les côtés on aperçoit des villages, des pagodes et des tú-văn; sur la route, est placé un de ces autels en terre contre les mauvais esprits dont nous avons déjà parlé à une station précédente.

(207) Sans observation.

(208) A gauche de la station, dans un village, une pagode.

(209) A gauche, nouvelle pagode dans un village. — Mares sur les deux côtés de la route.

(210) Village d'une trentaine de cases. La station se trouve près d'un aqueduc dallé.

(211) Entrée d'un grand village de plus de 200 cases s'étendant à gauche de la route. — Un sentier traverse la chaussée.

(212) Peu après la station précédente, un autre village commence à droite et nous nous trouvons entre deux haies de bambous ; ce nouveau village n'a pas moins de 150 cases.

(213) Continuation des deux villages et de la double haie de bambous.

(214) Nous sommes dans un marché qui semble commun aux deux villages. — A gauche, un chemin de 1 mèt. 50 cent. de large. — Nous avons aperçu un arroyo nommé Cụ-thanh 具清 sur lequel on distingue un pont en dallage de douze travées.

(215) Nous avons négligé une petie courbe de la route et nous nous trouvons sur le bord du Cụ-thanh, à l'extrémité du pont dont nous avons déjà parlé. — La travée centrale est plus grande que les autres, ce qui a lieu généralement pour les ponts en dallage à plusieurs travées. — Le tablier est au niveau des berges.

(216) Sur l'autre bord du Cụ-thanh. — Sa largeur est de 18 mèt. 50 cent. et il présente 1 mèt. 20 cent. d'eau.

(217) Sans observation.

(218) Village d'environ 150 cases.

(219) Le village continue et est séparé de la route par une haie de bambous et de jasmins ; le mélange de ces plantes se rencontre souvent.

(220) Toujours dans le village. Un hạ-mã et une pagode à droite.

(221) Devant la pagode, une mare profonde de 2 mètres se trouve à gauche de la route.

(222) Fin du village.

(223) Passé un aqueduc dallé et nouveau hạ-mã.

(224) Entrée d'un grand village de 250 cases. — A droite, un tumulus touche la route, il a environ 3 mètres de haut et est surmonté d'un tư-văn en ruines abrité par de gros arbres.

(225) Entre deux haies le village continue.

(226) *Idem.*

(227) *Idem.*

(228) Fin du village. — Passé un aqueduc dallé.

(229) Sans observation.

(230) Sans observation.

(231) A droite, un cours d'eau serpente dans la plaine. — Les indigènes l'appellent Mạnh-luật 孟律

(232) Cet arroyo continue.

(233) Cet arroyo continue. — Rizières à perte de vue dans toutes les directions.

(234) La route est coupée par le Mạnh-luật; il n'existe pas de pont, mais trois bacs en bambous nattés font un service continu d'une rive à l'autre et paraissent suffire à peine aux besoins des voyageurs. Le prix du passage est de 30 sapèques par voyage, quel que soit le nombre des passagers.

(235) De l'autre côté du Mạnh-luật, sa largeur est de 102 mètres et sa profondeur maxima est de 2 mèt. 40 cent. A 20 mètres de la rive, malgré sa légèreté et son fond plat, notre bateau ne peut plus flotter. Nous sommes obligés de nous faire débarquer à dos d'hommes.

(236) A droite, une pagode qui n'a rien de remarquable.

(237) Pas d'observation.

(238) A gauche, nous voyons un arroyo qui passe à une cinquantaine de mètres de nous. Il est large d'environ 20 mètres. — Les indigènes l'appellent Cổ-pháp 古法

(239) Groupe de 5 à 6 cases. — Passé un aqueduc dallé.

(240) Le Cổ-pháp coupe la chaussée. — Les deux rives sont reliées par un pont de douze travées en dallage, appelé Cầu-đẩy 求臺 la travée du milieu est à peu près double des autres.

(241) Nous sommes sur l'autre rive du Cổ-pháp, dont la largeur est de 25 mèt. 50 cent. et la profondeur d'eau maxima de 1 mèt. 60 cent.

(242) Sur le bord de la route se trouvent trois bornes commémoratives en marbre, placées symétriquement. Ces bornes portent des inscriptions indiquant sur l'une la date de la seconde année du règne de Đức-nguyễn, souverain de la dynastie des Lê, qui régnait en 1675.

(243) Sans observation.

(244) Nous entrons dans le village de Xác-khê 確溪 phủ de Nam-sách 南冊 huyện de Chí-linh 至灵 canton de An-điền 安田 où nous faisons halte. Ce village est de peu d'importance, il ne

contient pas plus d'une trentaine de cases et n'a pas de pagode convenable. Nous sommes donc obligés de descendre dans la maison d'un petit mandarin. Cette maison fait face à la route et est très propre; elle est construite en torchis et couverte en paille de riz. Le torchis qui forme les murs est recouvert d'un enduit où la chaux est tellement abondante qu'à certains endroits on la supposerait pure. — L'étape du samedi 8 juillet a été de 6,231 mèt. 25 cent. Le podomètre marque 9,000 pas et le total de ceux comptés est de 9,028. — La pluie tombe une partie de l'après-midi et nous oblige à ne pas continuer notre route. Nous en profitons pour mettre un peu d'ordre dans nos notes de voyage et pour commencer à transporter sur le papier les diverses mesures prises depuis Hải-phòng.

(245) Fin du village de Xác-khê.

(246) Sans observation.

(247) Visé la montagne de Núi-ông-vợi par 258 grades 1/4.

(248) Sans observation.

(249) A gauche, 5 piliers monolithes de 2 mèt. 50 cent. de hauteur, semblables à ceux qui portent les ponts et les aqueducs dallés, se dressent au milieu de la plaine; ce sont les débris d'une ancienne maison d'abri pour les voyageurs.

(250) Sans observation.

(251) Dépassé une maison d'abri pour les voyageurs, édifiée sur des piliers monolithes semblables à ceux que nous venons de voir.

(252) Sans observation.

(253) *Idem.*

(254) Nous sommes sur le bord et à l'extrémité d'un pont en dallage de 14 travées appelé vulgairement Cầu-chầy 求� à quelques mètres de la route, à droite, se trouvent six bornes en pierre qui sont tombées par terre de façon que les inscriptions ne sont pas visibles.

(255) Sur l'autre bord du rach; cet arroyo a 28 mèt. 50 cent. de large, les sondages donnent 1 mèt. 65 cent. d'eau le long des bords et 1 mèt. 90 cent. sous l'arche centrale, qui est du double des autres ou à peu près.

(256) Sans observation.

(257) *Idem.*

(258) A droite, des colonnes en pierre, debout au milieu de la plaine, indiquent l'emplacement d'une ancienne maison de halte.

(259) Depuis un kilomètre environ, l'eau des rizières, augmentée par les pluies de la veille et de la nuit, déborde sur la chaussée et y forme une couche de 15 millimètres à 2 centimètres d'épaisseur.

(260) Même observation.

(261) La chaussée n'est plus couverte par l'eau des rizières.

(262) Sans observation.

(263) *Idem.*

(264) Traversé un groupe de 7 à 8 cases.

(265) A gauche, un champ de sésame. — Nous arrivons dans un village.

(266) Suite du village. — Mares des deux côtés de la route. — Depuis la station précédente, nous avons souvent trouvé la chaussée recouverte de 2 et même 3 centimètres d'eau provenant des rizières voisines. — Passé un aqueduc dallé.

(267) Le village continue. Il se nomme Đồng-khê 同溪 et peut contenir environ 300 cases, dont plus d'un cent sont couvertes en tuiles. C'est le premier village dans lequel nous rencontrons des Chinois établis à demeure; nous n'en voyons d'ailleurs que dans des boutiques très chétives. Jusqu'ici, nous avons rencontré un seul Chinois sur la route. — Dans la traversée du village de Đồng-khê, la route est défoncée et présente parfois de la vase jusqu'à la cheville.

(268) Même observation. La chaussée est légèrement en contre-bas du sol des habitations du village, c'est ce qui explique son mauvais état et l'accumulation de vase exhalant une odeur fétide où prennent leurs ébats des porcs et des canards.

(269) Nous sommes dans le marché de Đồng-khê. Ce village dépend du phú de Nam-sách 南册 comme celui de Xác-khê, où nous avons passé la dernière nuit; il fait en outre partie du huyện de Thanh-làm 青林 et du canton d'An-lương 安良 Sur la droite, une pagode prête une partie de ses bâtiments aux marchands qui s'y sont installés comme dans une dépendance du marché.

(270) Le marché de Đồng-khê obstruant entièrement la route, nous sommes obligés de le contourner. Un chemin de 1 mèt. 50 cent. débouche sur la gauche, vers le milieu du marché.

(271) Nous continuons à faire le tour du marché.

(272) Fin du marché et des dépendances de la pagode. A droite, un grand tú-vân, dont le siège a trois étages, tourne le dos à la route.

(273) Le village se continue.

(274) Fin du village. Nous sommes au bord d'un arroyo, dont il va falloir traverser la largeur sur un pont en dallage de 12 travées appelé Cầu-giao 求交

(275) Autre extrémité du pont. La largeur du rach est de 24 mètres. La profondeur de l'eau est de 1 mèt. 35 cent., les berges sont à 2 mètres au-dessus du niveau de l'eau.

(276) Nous entrons dans un autre grand village, celui de Mạng-nhồ. La route continue à être dans un état de saleté et de délabrement remarquable.

(277) Le village continue. Passé un aqueduc dallé.

(278) Nous arrivons au marché du village. Il est établi sous des hangars couverts en tuiles et paraît très considérable. Nous y retrouvons un certain nombre de Chinois, mais il ne semble pas qu'ils soient traités ici, pas plus d'ailleurs qu'à Đồng-khê, comme étant supérieurs aux indigènes, tandis que cette supériorité est frappante à Hà-nội même et surtout dans les villes non ouvertes aux Européens qu'il nous a été donné de visiter.

(279) Nous arrivons à la pagode où nous faisons halte. Le village de Mạng-nhồ 慢茵 dépend du phủ de Nam-sách 南冊 huyện de Thanh-lâm 青林 et canton de Trai-châu 札州 Il peut contenir 300 cases dont un certain nombre, surtout autour du marché, sont couvertes en tuiles. Les rues gardent des traces d'un ancien dallage en carreaux de terre cuite qui est disparu aux 9/10es. L'étape du matin a été seulement de 4,326 mèt. 50 cent. Le podomètre indique 6,200 pas et l'addition des chiffres notés à chaque station donne un total de 6,560 pas. Nous commencerons par faire observer que la pagode de Mạng-nhồ est orientée d'une manière absolument opposée à toutes les autres. Elle fait face à l'ouest. Son enceinte est entourée par le marché et les hangars qui forment la cour devant le sanctuaire n'ont pas du tout les apparences des hangars qui avoisinent les pagodes ordinaires. Un portique d'un bel effet, construit en briques et haut de plus de 4 mètres sous voûte, se trouve en face du sanctuaire. Cette disposition nous fait supposer que, dans l'origine, le bâtiment n'a pas été destiné au culte, mais qu'il n'a reçu cette affectation que longtemps après sa construction. Sur le marché, nous remarquons de grandes quantités de poteries en terre cuite, les unes vernissées, les autres nues ; certaines ont l'apparence du grès, d'autres ont l'apparence légère et presque poreuse. On trouve surtout en très grand nombre de jarres de diverses formes et de toutes grandeurs, des fourneaux qu'on dirait modelés sur ceux de nos laboratoires de chemie, des tiểu-sành 小砼 vases rectangulaires, de dimensions diverses, servant à mettre les ossements des individus lorsque la terre a complétement absorbé les

parties charnues. Ces vases se gardent dans les familles ; souvent ils portent empreints sur leurs faces des caractères religieux. Toutes ces poteries viennent des environs de Bắc-ninh. C'est également de là que viennent des vases en terre cuite vernissée, ayant l'apparence de grès, dont on se sert dans les pagodes pour placer les allumettes odorantes, les fleurs et autres offrandes. Les briques de grande dimension, les carreaux en terre cuite pour le dallage des cours des pagodes, dont l'épaisseur atteint souvent 4 centimètres, viennent aussi de Bắc-ninh et de Batang. On veut nous vendre un tiểu sành de dernière qualité 1 ligature et demie. Comme notre guide nous dit que nous en trouverons en grande quantité à Hà-nội, nous ajournons cette emplète. On trouve également à ce marché de grandes quantités de vêtements, chevaux, etc., en papier pour les offrandes dans les pagodes. Déjà on en fabriquait de grandes quantités autour de la pagode de Đồng-khê. La place devant la cour de la pagode était couverte de ces objets qui séchaient au soleil. Ces figures d'animaux sont faites d'une carcasse en vannerie grossière sur laquelle on colle du papier. Les formes et les proportions sont généralement peu respectées ; cependant, nous avons vu à Nam-dinh un éléphant de grandeur demi-naturelle qui était assez bien modelé. Une figurine haute de 25 centimètres et représentant un cheval se vend 1 tiền et demi. A notre arrivée à Mạng-nhê, le marché offrait une grande animation. Il était alors 10 heures 1/4 du matin. Mais lors de notre départ, à 3 heures de l'après-midi, il n'y avait plus personne dans les rues. Du reste, sauf à Hà-nội et à Quinhơn, nous avons toujours vu les marchés vides dans l'après-midi.

(280) La station se trouve par le travers et à droite du portique dont nous avons parlé. Nous aurions désiré en prendre une vue, mais la foule des curieux était telle que nous avons dû y renoncer.

(281) A l'extrémité du marché, sur la droite, une pierre avec inscription. — Un nouveau village commence, se confondant presque avec le précédent. Il porte le nom de Nhơn-lý. — Jusqu'à présent, depuis le moment où nous avons pris la route de Quảng-yên (71e station), c'est-à-dire pendant 32 kilomètres environ, la route s'est maintenue dans une direction générale vers l'ouest, avec de rares et légères inflexions. A partir de Nhơn-lý 仁里 jusqu'à Hải-dương, nous allons au contraire nous diriger presque absolument vers le sud. Nhơn-lý a environ 50 cases.

(282) Les rizières débordent sur la chaussée et la couvrent de quelques centimètres d'eau.

(283) A gauche, un chemin s'en va relier la route aux villages voisins en passant sur un pont dallé de 4 travées.

(284) A 250 mètres de la route, à gauche, se trouve une grande pagode avec enceinte en maçonnerie, portiques, annexes, etc., le tout dans un grand village d'une soixantaine de cases.

(285) Nous commençons à apercevoir Hải-dương devant nous, dans le lointain. La tour centrale et le clocher de la mission catholique espagnole sont visibles dans la lunette, et nous en profitons pour relever ce clocher par 204 grades.

(286) Sans observation.

(287) *Idem.*

(288) *Idem.*

(289) *Idem.*

(290) Groupe d'une douzaine de cases. — Sur la gauche, un village dans lequel se trouve une pagode en ruines.

(291) Maison de repos en briques. — La toiture est supportée par des piliers cylindriques en bois. Hải-dương est visible à l'œil nu et on distingue très nettement la tour centrale, les quatre portes monumentales, la ligne des fortifications et la ville commerçante dans laquelle se trouve la mission catholique espagnole. — Passé un aqueduc dallé.

(292) Petite pagode à droite.

(293) Sans observation.

(294) Passé un aqueduc dallé de 3 travées dont la partie supérieure est recouverte de 0 mèt. 60 cent. de terre. — Toute cette partie de la chaussée a été rechargée récemment. — A gauche, un chemin avec aqueduc dallé.

(295) Visé le clocher de la mission par 211 grades.

(296) *Idem* par 212 grades 1/2.

(297) *Idem* par 214 grades 1/4.

(298) Sans observation.

(299) Nous sommes arrivés au bord du Thái-bình. Il nous faut traverser ce fleuve pour nous rendre à Hải-dương, qui est à environ 1,200 mètres de l'autre rive. — Le batelier auquel nous demandons le nom du fleuve l'appelle Dò-hàn 渡寒 ce qui ne ressemble, ni en français ni en caractères, au nom sous lequel le fleuve est généralement connu. — La traversée du fleuve se fait dans des bacs plats, en bambous nattés, qui, malgré leur légèreté est leur forme évasée, s'échouent souvent pendant la traversée. Nous nous échouons notamment à environ 200 mètres de la rive que nous venons de quitter, et notre bateau ne peut approcher, même poussé à la perche et halé par deux hommes, à moins de 60 mètres de l'autre rive. — Le passage du bac est payé à raison de 1 tiền par traversée. — Avant de quitter la rive nord du Thái-bình, nous relevons le clocher de la mission catholique par

218 grades, et la tour centrale de la citadelle par 200 grades 1/2. — Pour mesurer la largeur du fleuve, nous faisons planter sur la rive sud 2 jalons surmontés de drapeaux dont nous mesurerons la distance plus tard, mais dont nous relevons l'angle au moyen de la boussole qui fait partie de la stadia. Le jalon placé au point où le bac touche terre et où la route reprend son cours est relevé par 183 grades; l'autre, placé à l'est du premier, est relevé par 195 grades 1/2. D'un autre côté, la distance entre les deux jalons est de 272 mètres, et la ligne qu'ils déterminent fait un angle de 313 grades 1/2 avec l'aiguille aimantée. Nous avons ensuite vérifié la distance entre les deux jalons, en prenant à nouveau l'angle que fait celui de l'est avec la ligne N.-S. à la 301e station. Toutes ces données nous permettent de calculer trigonométriquement la largeur du Thái-bình, qui est de 1,400 mètres (1). — Quant à sa profondeur, les sondages faits à peu près de 100 mètres en 100 mètres, donnent, en partant de la rive nord pour se diriger vers la rive sud à :

$\frac{60^{m}}{0^{m}\,50}$ $\frac{150^{m}}{0^{m}\,80}$ $\frac{250^{m}}{0^{m}\,60}$ $\frac{350^{m}}{3^{m}\,30}$ $\frac{450^{m}}{5^{m}\,60}$ $\frac{550^{m}}{6^{m}\,20}$ $\frac{650^{m}}{5^{m}\,60}$ $\frac{750^{m}}{4^{m}\,60}$ $\frac{850^{m}}{4^{m}}$ $\frac{950^{m}}{3^{m}\,50}$ $\frac{1,000^{m}}{3^{m}\,50}$ $\frac{1,100^{m}}{2^{m}\,50}$ $\frac{1,200^{m}}{1^{m}\,60}$ $\frac{1,250^{m}}{0^{m}\,80}$ $\frac{1,300^{m}}{0^{m}\,60}$ $\frac{1,350^{m}}{0^{m}\,50}$ de profondeur, c'est-à-dire que la rivière peut être décomposée en 3 zones à peu près de même largeur, dont les deux qui longent les rives doivent être à sec aux basses eaux. Il ne faut pas oublier, en effet, que le 9 juillet la période de crue des eaux était déjà arrivée et que si elles n'avaient pas encore atteint leur maximum, tout au moins la crue était suffisante pour permettre la navigation dans le canal de Bắc-ninh. Cela permettrait d'expliquer l'écart considérable qui se trouve entre les cartes marines, même les plus récentes, et nos mesures. Sur ces cartes, le Thái-bình est indiqué comme ayant de 6 à 700 mètres de large, ce qui concorderait à peu près avec nos mesures, en admettant une baisse des eaux de 1 mètre environ. Quant aux grandes crues, les riverains nous disent que le niveau du fleuve n'a jamais dépassé, à leur connaissance, un point qu'ils nous montrent et qui est inférieur au niveau de la chaussée. C'est donc une crue maxima de 2 mèt. 50 cent. dont il faut tenir compte.

(300) Sur l'autre rive du Thái-bình. — Nous procédons au mesurage de la distance entre les deux jalons, tel que nous l'avons décrit dans nos observations de la station précédente.

(301) Visé pour vérification le jalon le plus à l'est par 313 grades 1/2. — La montagne de Núi-ông-voi est relevée par 272 grades 3/4. — La nuit s'avance et nous ne pourrions pas continuer nos opérations jusqu'à Hải-dương sans être surpris par l'obscurité. Nous nous arrêtons donc après avoir marqué le point de suspension de notre mesurage et nous nous dirigeons rapidement

---

(1) Nos calculs nous donnent, après réduction en degrés :

$$\frac{272^{m} \times sinus\ 89^{\circ}\,15}{sinus\ 11^{\circ}\,15} = \frac{272^{m} \times 10,041}{1,951} = 1,400$$

vers la citadelle d'Hải-dương, avec l'intention de consacrer toute notre journée du lundi à visiter ce chef-lieu de province. — Notre étape de l'après-midi a été de 4,833 mètres. — Les pas comptés entre les stations sont au nombre de 5,100, tandis que le podomètre en indique 4,900. (Quoique l'ordre chronologique nous amène maintenant à faire la description d'Hải-dương, où nous avons passé la journée du lundi, tandis que nous n'avons relevé que le lendemain la partie de la route comprise entre la ville et le fleuve, il nous paraît plus convenable d'ajourner cette description à la 313e station qui, topographiquement, se trouve immédiatement après la ville.)

(302) A droite, une partie de la chaussée est occupée par un second talus de 1 mètre × 60 centimètres dont nous n'avons pas tenu compte dans les mesures portées au tableau ci-annexé. Ce talus a des apparences de ligne avancée pour la défense de la citadelle.

(303) Le talus signalé sur la droite de la route a disparu. On en voit plusieurs de place en place dans la plaine.

(304) Groupe de 6 à 8 cases. — Passé une pagode à gauche.

(305) Sans observation.

(306) A droite et à gauche, grandes pagodes. — Sur la gauche, commencement de la première enceinte en terre de la citadelle d'Hải-dương.

(307) Nous laissons sur notre droite une double enceinte carrée formée par des murs en briques à claire-voie, L'enceinte extérieure mesure 50 mètres de côté, celle de l'intérieur, qui est surélevée de 30 centimètres, ne mesure que 30 mètres. Des portes sont ménagées sur chacune des quatre faces. C'est le champ sacré appelé en annamite Sơn-xuyên 山川 que le roi ou son représentant laboure chaque année en grande pompe, conformément aux rites.

(308) A gauche, un fossé de 3 mèt. 50 cent. à 4 mètres de large défend la première enceinte de la citadelle.

(309) Nous sommes dans la ville, et la mire est placée au sommet du talus qui forme l'enceinte extérieure.

(310) Nous continuons à traverser la partie de la ville comprise dans la première enceinte.

(311) *Idem.*

(312) *Idem.*

(313) Nous sortons de la ville d'Hải-dương et de l'enceinte des fortifications extérieures et laissons sur notre gauche la route de Hải-dương à Nam-định, qui paraît aussi bien entretenue, sinon mieux, que celle que nous allons suivre pour aller à Hà-nội.

La ville d'Hải-dương est, comme toutes les grandes villes asiatiques, divisée en deux parties bien distinctes : la ville commerçante et la citadelle. — La ville commerçante s'étend le long du fleuve et se groupe autour de l'église de la mission espagnole, dont le clocher a été si fréquemment relevé pendant les derniers kilomètres. La population de la ville commerçante est d'environ 50,000 habitants, parmi lesquels se trouve un fort élément chinois. Jusque-là, au contraire, nous n'avons pour ainsi dire pas rencontré de Chinois ; il y en avait seulement un tenant une petite boutique misérable au village de Vụ-nong. A Đồng-khê et à Mạng-nhô seulement, c'est-à-dire à quelques kilomètres de Hải-dương, nous en avons vu un certain nombre et, parmi les voyageurs que nous avons croisés ou qui nous ont dépassés sur la route, nous n'avons pas vu un seul Chinois. — Le commerce d'Hải-dương est assez actif, mais il est impossible d'en indiquer même approximativement l'importance, aucun document officiel ne constatant l'entrée et la sortie des marchandises. Cependant, il est de toute évidence que ce centre qui commande le cours du Thái-bình et qui seul, pour ainsi dire, depuis Hải-phòng peut disposer de la batellerie pour le transport des marchandises, est dans une situation exceptionnellement avantageuse pour centraliser, afin de les embarquer sur les jonques et de les livrer au grand commerce, les marchandises qui ne vont dans les marchés voisins que portées à dos d'hommes. Il faut en effet remarquer cette différence caractéristique entre la Basse-Cochinchine et le Tonkin : partout, dans la Basse-Cochinchine, on trouve des cours d'eau grands ou petits ; aussi l'indigène qui veut porter au marché le produit de son champ a-t-il un bateau qu'il manœuvre seul ou aidé par sa famille, un ghe-chuang, dans lequel il charge sa petite provision et la porte à destination avec le concours de la marée. Au Tonkin, au contraire, il y a bien de grands fleuves, il y a de grands canaux qui les relient les uns aux autres, mais il n'y a pas cette immense quantité de petits rachs s'entrecoupant et s'entrecroisant, qui relient les uns aux autres les villages de Cochinchine. Aussi tous les transports sont-ils faits par la voie de terre et à dos d'hommes ou plutôt de femmes, jusqu'à ce que la marchandise se soit centralisée dans un de ces points favorisés où la batellerie peut venir donner son concours au transport. Cette différence caractéristique est une des raisons principales qui nous font penser qu'un chemin de fer peut être fructueusement exploité au Tonkin, car il n'aura pas à y lutter contre la concurrence de la batellerie intérieure, et s'il a des stations suffisamment rapprochées, il servira à la fois de collecteur et d'agent de transport pour les produits si nombreux du pays.

Quant à la citadelle d'Hải-dương, elle comprend trois enceintes qui, en y ajoutant celle de la ville, forment un système de défense réellement sérieux. L'enceinte de la ville est formée par un talus en terre d'environ 900 mètres de front. Ce talus a environ 2 mèt. 50 cent. de haut ; il est protégé par un fossé de 3 à 5 mètres de large et plein d'eau. Cette enceinte, dont le côté ouest laisse passage à la route que nous suivons, est occupée vers l'est par les commerçants et la mission espagnole ; des autres côtés, elle sert de faubourgs à la citadelle. Du côté de l'ouest, par où nous entrons dans la ville, c'est un amas confus de cases où les habitants vendent un peu de tout ce qui sert aux besoins quotidiens. Nous y voyons aussi quelques industries de luxe, notamment des brodeurs de tapis et des tisserands de soie

Pour arriver à la seconde enceinte où commence la citadelle, nous suivons une rue percée à angle droit de la route et dont le milieu est recouvert d'un carrelage en terre cuite qui n'est pas en trop mauvais état. Nous laissons sur la gauche un grand hangar couvert en tuiles, qui est destiné à loger les étrangers jusqu'à ce qu'ils aient obtenu l'autorisation de se faire ouvrir les portes de la citadelle. La seconde enceinte est formée par un mur en grosses briques mandarines, haut d'environ 4 mètres, au-dessus du parapet du pont qui relie la première zone à la seconde ; mais la hauteur du mur peut être considérée comme double si on tient compte de la profondeur du fossé qui protège cette seconde enceinte. Lors de notre passage, le fossé était loin d'être à sec, et cependant l'eau ne montait qu'à deux mètres des bords. Ce fossé mesure environ 15 mètres de large. Il est franchi par un pont en maçonnerie de briques que commande un bastion. Le mur en briques sert de revêtement à un talus en terre de 10 mètres de base environ ; malheureusement, la porte est loin d'avoir une solidité comparable à celle des murs ; elle se compose de quelques plateaux de bois dur disjoints par le temps et tournant dans des scellements en fer dont les dimensions sont insuffisantes pour les porter.

La route fait un angle pour traverser le talus de la seconde enceinte, et cet angle la ramène dans la direction de la rue dallée par laquelle nous avons traversé la première zone. — A 100 mètres environ, nous trouvons un nouveau pont en maçonnerie qui nous conduit à la porte monumentale de la troisième enceinte qui fait face à l'ouest. Ce pont est établi sur un fossé de 15 à 20 mètres de large qui protège cette troisième enceinte. Cette fois, ce n'est plus un mur de briques que nous avons devant nous, mais un mur en pierre de Bienhoa taillées et présentant un aspect parfaitement lisse. La hauteur du mur, au-dessus du parapet et du pont, est d'au moins 5 mètres. Sur son sommet nous remarquons des pierres énormes, de formes suffisamment arrondies pour pouvoir être roulées et précipitées sur les échelles d'assaut. Au premier étage du mirador qui domine la porte, se trouve une pièce de canon qui prend en enfilade la route par laquelle nous sommes venus.

Quant à la quatrième enceinte, qui ne comprend dans son intérieur que l'observatoire et la pagode royale, elle n'est séparée du reste de la citadelle que par un petit mur de simple ornementation.

Dans la troisième enceinte se trouve la résidence du gouverneur, qui porte le titre de tông-dôc. Auprès de lui habitent les différents mandarins, depuis le quan-bộ jusqu'au lãnh-binh. On trouve aussi dans cette enceinte la poudrière, la prison et les magasins à paddy, ainsi qu'un certain nombre de pagodes. — Les cases où logent les soldats avec leur famille sont placées dans le terrain réservé entre la deuxième et la troisième enceinte ; seuls ceux de service sont admis dans la troisième enceinte. — A l'œil, le front que présente la troisième enceinte paraît être très restreint et n'atteindre pas 150 mètres.

Dès notre arrivée, le gouverneur d'Hải-dương nous reçut officiellement et, pendant notre séjour, il fut plein de prévenances pour nous. C'est un vieillard qui semble avoir environ 70 ans. Il y a quelques années, il a demandé à prendre sa retraite, mais le gouvernement de Huê a trouvé qu'il devait continuer ses fonctions et lui a envoyé comme réponse une pièce de soie sur laquelle sont magnifiquement brodés en argent les caractères chinois signifiant : *Encore fort*, avec la date du 26e jour du 3e mois de la 31e année du règne de Tự-đức. C'est, avec une panoplie où nous remarquons un sabre d'officier de marine du temps du second empire et deux assez jolis révolvers, le seul ornement de son logement, et il ne nous cache pas qu'après la prise d'Hà-nội par les troupes françaises, il a envoyé à Huê sa femme, ses enfants et tout ce qu'il possédait de précieux. Il semble en être de même, d'ailleurs, chez tous les mandarins d'Hải-dương qui, pour le moment, luttent entre eux de simplicité d'une manière toute spartiate.

Parmi eux se trouve l'un des fils de Phan-than-giang, le gouverneur de Vinhlong qui, après avoir défendu pendant longtemps la cause annamite contre la France, s'est empoisonné lorsqu'il lui fallut renoncer à défendre les provinces de l'ouest dont il avait le gouvernement. Son fils, que nous avons vu à Hải-dương, a près de 50 ans. Il a été fait prisonnier à Hải-phòng lors de l'expédition Garnier et expédié d'abord à Saigon, puis en France. Il est resté 9 mois interné à Toulon ; de là il se rendit à Paris et y séjourna quelque temps. Il a rapporté de ce voyage une certaine notion de notre vie et de notre civilisation, et il est heureux lorsqu'il peut placer dans la conversation quelque mot français resté dans sa mémoire ou montrer qu'il connaît l'usage de tel ou tel objet européen. Le tổng-đốc a aussi voyagé. Il est allé à Hong-kong, à Canton et à Shang-hai ; il en a retenu quelques mots d'anglais et un sentiment de la force des Européens qui lui fait redouter que le jour où ils auront mis un pied en Annam, on ne puisse plus les empêcher d'y être les maîtres. Aussi, tout en comprenant la supériorité de notre civilisation, est-il adversaire résolu de l'influence française et de l'extension du commerce européen par patriotisme sincère. Avant notre départ, le tổng-đốc insiste pour nous faire accepter une quantité de cadeaux que nous refusons, à l'exception de deux boîtes de thé que nous prenons pour ne pas le froisser, car nous serions très fâchés de reconnaître par une impolitesse toutes les amabilités de ce mandarin. De son côté, le quan-bộ nous offre une certaine quantité de tabac préparé avec les feuilles récoltées dans les environs d'Hải-dương et que nous acceptons comme échantillon des produits du pays. — Nous avons changé quelques piastres à 6 ligatures 3 tiền.

En résumé, Hải-dương est un des plus grands centres du Tonkin, et il est important qu'il soit ouvert à notre commerce le plus tôt possible ; l'établissement du chemin de fer, s'il avait lieu, aurait ce résultat nécessaire et donnerait un débouché sérieux à tous les produits de cette contrée.

Pour résumer cette première partie de notre voyage et en tirer des conclusions, nous commencerons par constater que, comme le prouve nettement le tableau ci-annexé, il ne se rencontre d'autre obstacle sérieux que le Thái-bình, pendant le trajet de plus de 48 kilomètres que nous venons de faire; il est même utile de faire observer que si, au premier abord, le chiffre de 1,400 mètres comme longueur d'un pont paraît effrayant, il est certain que, dans les conditions où se trouve le Thái-bình et avec la faible profondeur de l'eau dans plus de la moitié de son lit, la dépense ne sera pas excessive, et, en tous cas, la difficulté ne sera pas grande. — Ailleurs, nous rencontrons en tout 321 mèt. 50 cent. de largeur pour les ponts ou aqueducs se divisant en :

	Mètres.
25 aqueducs dont 23 de 1 mètre, 1 de 5 mètres et 1 de 4 mètres	32 00
4 vannes ou aqueducs d'ensemble à établir	30 00
7 ponts, à savoir :	
Sur le sông Roï (station 177)	31 00
Sur le sông Phạm (*idem* 185)	30 00
Sur le Cụ-thanh (*idem* 216)	18 50
Sur le Mạnh-luật ou Câu-vấp (*idem* 235)	102 00
Sur le Cồ-pháp ou Câu-đáy (*idem* 241)	25 50
Au Câu-cháy (*idem* 255)	28 50
Au Câu-giao (*idem* 275)	24 00
Total	321 50

La voie ferrée, dont un tracé provisoire est indiqué sur la carte, n'aurait que 45 kilomètres de développement, gagnant, par la suppression des angles inutiles, environ 2 kilomètres sur la route que nous avons suivie. — Partant de Hải-phòng, comme nous l'avons déjà dit, elle commencerait par une ligne droite de 5 kilomètres environ qui la conduirait près du village de Công-mỹ; là, une courbe d'environ 800 mètres de rayon serait tracée à travers les champs et conduirait à une nouvelle ligne droite de 3 kilomètres à la suite de laquelle une autre courbe de même rayon et une ligne droite de 1,500 mètres amèneraient au village de Canh-giao où serait établie la seconde station. — Une ligne droite, suivant la route pendant 2,000 mètres environ, passe devant Vụ-nong sans s'y arrêter; une courbe de 900 mètres de rayon et deux lignes droites, l'une de 3 kilomètres, l'autre de 1,200 mètres, séparées par une courbe de 1,300 mètres de rayon, nous mettent à la troisième station établie au village de Cồ-phước. De là à Bò-thái, la voie est droite sur 3 kilomètres et ne présente qu'une courbe légère. — De Bò-thái à Phương-dê, la voie suit la route presque absolument, mais, après Phương-dê, la route est abandonnée pendant 8 kilomètres, et la voie, au lieu de passer dans le village de Cô-dông, en passe à 200 mètres, ce qui n'empêchera pas d'établir une station pour le desservir. — Une nouvelle courbe aboutit à Xác-khê, qui est relié à Đồng-khê par une ligne droite. A la sortie de ce village, la voie décrit une courbe qui lui permet de prendre la direction d'Hải-dương, sauf à passer à une petite distance des deux grands villages de Mạng-nhê et de Nhơn-lý, qui seraient desservis par la station de Đồng-khê, au besoin par une gare spéciale. Enfin, une ligne droite de 6 kilomètres conduit à Hải-dương, où serait établie une gare centrale et probablement un embranchement vers la ville commerçante. Provisoirement, la voie pourrait être unique, sauf à faire à chaque station une ou plusieurs voies de garage où seraient laissés les wagons de marchandises en chargement ou en déchargement et où pourraient, en cas de besoin, se mettre à l'abri les trains de marchandises pour laisser la voie libre aux trains de voyageurs, les trains marchant en sens inverse se croiseraient à Hải-dương.

Dans cet avant-projet, la distance de 45 kilomètres par voie ferrée qui sépare Hải-phòng d'Hải-dương, présenterait probablement les points d'arrêts suivants :

Hải-phòng ;
Cống-mỹ, à 5,500 mètres d'Hải-phòng ;
Canh-giao, à 10,500 mètres d'Hải-phòng et à 5,000 mètres de Cống-mỹ ;
Cổ-phước, à 17,000 mètres d'Hải-phòng et à 6,500 mètres de Canh-giao ;
Bô-thái, à 21,000 mètres d'Hải-phòng et à 4,000 mètres de Cổ-phước ;
Phương-dê, à 25,000 mètres d'Hải-phòng et à 4,000 mètres de Bô-thái ;
Cổ-dông, à 29,300 mètres d'Hải-phòng et à 4,300 mètres de Phương-dê ;
Xác-khê, à 35,500 mètres d'Hải-phòng et à 6,200 mètres de Cổ-dông ;
Đồng-khê, à 39,000 mètres d'Hải-phòng et à 3,500 mètres de Xác-khê ;
Hải-dương, à 45,000 mètres d'Hải-phòng et à 6,000 mètres de Đồng-khê.

Cela ferait au total 10 stations en comptant les deux extrêmes, et la distance moyenne entre chacune d'elles serait de 5 kilomètres.

DEUXIÈME PARTIE

Avant de nous laisser prendre congé de lui, le tổng-đốc d'Hải-dương avait beaucoup insisté sur la pauvreté des contrées que nous allions traverser avant d'arriver à Hà-nội. Pour nous décourager et nous dissuader de continuer notre voyage, il nous avait dit que le pays n'était pas sûr, qu'on y rencontrait parfois des bandes de rebelles ou des Chinois armés qui pouvaient nous maltraiter. Voyant que nous n'ajoutions pas foi à ses dires et que malgré tout nous voulions pousser jusqu'à Hà-nội, le tổng-đốc se décida à nous laisser partir; mais, pour sauvegarder notre sécurité et mettre sa responsabilité à couvert s'il nous arrivait un accident, nous dit-il, il ajouta à notre troupe un certain nombre de ses miliciens sous le commandement d'un đội. Ces soldats commencèrent par vouloir prendre l'allure lente et digne d'une procession dont ils ont l'habitude quand ils servent d'escorte à des mandarins; mais nous nous empressâmes de les en faire changer et de les expédier à l'avant-garde avec les coolies chargés des bagages. Chacun de ces soldats était revêtu de la petite robe rouge qui constitue l'uniforme et portait en sautoir dans le dos un sabre plus ou moins orné suivant les grades. Le seul service réel qu'ils nous aient rendu, c'est de nous éventer pendant la sieste et l'après-midi, dans les villages où les mouches qui nous assaillaient par milliers ne nous permettaient ni de dormir ni de travailler.

LECTURE DES INSTRUMENTS A CHAQUE STATION.								PRINCIPAUX VILLAGES.			COURS D'EAU, AQUEDUCS, ETC.				PRINCIPALES CULTURES SUR PIED et produits divers.
NUMÉRO d'ordre.	ANGLE de la visée avec l'aiguille aimantée, en grades.	DIRECTION de la visée.	DISTANCE entre les extrémités de la station, en mètres.	DISTANCE entre les extrémités de la station, en pas.	DISTANCE totale du point de départ.	HAUTEUR.	LARGEUR.	NOM en quoc-ngu.	NOM en caractères.	NOMBRE de cases.	NOM en quoc-ngu.	NOM en caractères.	LARGEUR.	PROFONDEUR.	
Report........................			48,377 25	70,089						6,613			1,722m50		
(314)	94 3/4	O.	236 00	310	48,630 25	1m00	2 50			»			»	»	Rizières.
(315)	119 1/2	O.-S.-O.	204 00	301	48,824 25	1 00	2 50			»			»	»	Coton.
(316)	120 1/4	O.-S.-O.	217 00	318	49,041 25	1 00	3 00			10			»	»	Arachides.
(317)	115 3/4	O.-S.-O.	78 00	132	49,119 25	1 40	2 00			»			»	»	*Idem.*
(318)	70	O.-N.-O.	173 00	243	49,292 25	1 50	2 00			»			»	»	Rizières.
(319)	65 1/4	O.-N.-O.	197 00	295	49,489 25	1 00	2 00			»			»	»	*Idem.*
(320)	71 1/2	O.-N.-O.	202 00	300	49,601 25	1 00	2 00			»			»	»	*Idem.*
(321)	73	O.-N.-O.	200 00	300	49,801 25	1 20	2 00			»			»	»	Labours.
(322)	74 1/2	O.-N.-O.	200 00	300	50,091 25	1 20	1 30			»			»	»	*Idem.*
(323)	64	O.-N.-O.	210 00	305	50,301 25	1 50	1 00			»			»	»	*Idem.*
(324	88 1/4	O.	104 00	159	50,405 25	1 50	2 00			20			»	»	Rizières.
(325)	99 1/2	O.	192 00	275	50,597 25	1 30	2 00			»			»	»	*Idem.*
A reporter......................			50,597 25	73,327						6,643			1,722 50		

Voir les observations, pages 156 et suivantes.

LECTURE DES INSTRUMENTS A CHAQUE STATION.								PRINCIPAUX VILLAGES.			COURS D'EAU, AQUEDUCS, ETC.				PRINCIPALES CULTURES SUR PIED et produits divers.
NUMÉRO d'ordre.	ANGLE de la visée avec l'aiguille aimantée, en grades.	DIRECTION de la visée.	DISTANCE entre les extrémités de la station, en mètres.	DISTANCE entre les extrémités de la station, en pas.	DISTANCE totale du point de départ.	HAUTEUR.	LARGEUR.	NOM en quoc-ngu.	NOM en caractères.	NOMBRE de cases.	NOM en quoc-ngu.	NOM en caractères.	LARGEUR.	PROFONDEUR.	
Report.			50,597 25	73,327						6,643			1,722m50		
(326)	97 3/4	O.	200 00	305	50,797 25	1m30	1m50			»			»	»	Rizières.
(327)	98 1/4	O.	263 00	407	51,065 25	1 00	1 40			»			»	»	*Idem.*
(328)	98 3/4	O.	196 00	300	51,261 25	1 00	1 40			»			»	»	*Idem.*
(329)	98	O.	168 00	285	51,429 25	1 40	1 40			»			»	»	*Idem.*
(330)	98 1/2	O.	204 00	307	51,633 25	1 00	3 00			»			»	»	*Idem.*
(331)	98 1/2	O.	203 00	310	51,836 25	1 00	2 50			»			»	»	*Idem.*
(332)	98 1/2	O.	202 00	300	52,038 25	1 00	2 50			»			»	»	Labours.
(333)	98 3/4	O.	266 00	395	52,304 25	1 00	2 00			»			»	»	*Idem.*
(334)	99 1/4	O.	205 00	299	52,509 25	1 00	2 00			»			»	»	*Idem.*
(335)	102 1/2	O.	200 00	301	52,709 25	1 20	1 50			»			»	»	Coton.
(336)	99 1/2	O.	205 00	300	52,914 25	1 50	2 00			5			»	»	*Idem.*
(337)	100 1/2	O.	107 00	149	53,021 25	1 50	1 20			»			»	»	*Idem.*
A reporter.			53,021 25	76,985						6,648			1,722 50		

Voir les observations, pages 156 et suivantes.

LECTURE DES INSTRUMENTS A CHAQUE STATION.								PRINCIPAUX VILLAGES.			COURS D'EAU, AQUEDUCS, ETC.				PRINCIPALES CULTURES SUR PIED et produits divers.
NUMÉRO d'ordre.	ANGLE de la visée avec l'aiguille aimantée, en grades.	DIRECTION de la visée.	DISTANCE entre les extrémités de la station, en mètres.	DISTANCE entre les extrémités de la station, en pas.	DISTANCE totale du point de départ.	HAUTEUR.	LARGEUR.	NOM en quoc-ngu.	NOM en caractères.	NOMBRE de cases.	NOM en quoc-ngu.	NOM en caractères.	LARGEUR.	PROFONDEUR.	
Report			53,091 25	76,985						6,648			1,722m50		
(338)	93 3/4	O.	206 00	305	53,297 25	2m00	1m20	Village à droite, village à 500 mètres à gauche.		150			»	»	Rizières.
(339)	85	O.-N.-O.	193 00	295	53,490 25	2 50	1 00			»			»	»	*Idem.*
(340)	84 1/4	O.-N.-O.	221 00	340	53,641 25	2 50	1 00	*Idem.*		»			»	»	*Idem.*
(341)	86 1/2	O.-N.-O.	200 00	300	53,841 25	2 50	1 00			»			»	»	Coton.
(342)	91 1/2	O.	102 00	148	53,943 25	2 50	0 80	Cao-xa.	高舍	80			»	»	»
(343)	91 1/2	O.	151 00	205	54,094 25	1 10	3 00			»			»	»	Rizières.
(344)	90 1/2	O.	150 00	215	54,244 25	1 00	2 50			»			»	»	*Idem.*
(345)	90	O.	203 00	300	54,447 25	1 20	2 50			»			»	»	Coton.
(346)	91	O.	270 00	400	54,717 25	1 20	2 50	Village à 300 mètres à droite.		150			»	»	*Idem.*
(347)	90 1/2	O.	210 00	315	54,927 25	1 30	1 30			»			»	»	Rizières.
(348)	90 3/4	O.	210 00	315	55,137 25	1 00	1 50	Village à 150 mètres à droite.		75			»	»	Coton.
(349)	91 1/4	O.	147 00	205	55,284 25	0 60	4 00			25			»	»	*Idem.*
A reporter			55,284 25	80,328						7,128			1,722 50		

Voir les observations, pages 156 et suivantes.

NUMÉRO d'ordre.	ANGLE de la visée avec l'aiguille aimantée, en grades.	DIRECTION de la visée.	DISTANCE entre les extrémités de la station, en mètres.	DISTANCE entre les extrémités de la station, en pas.	DISTANCE totale du point de départ.	HAUTEUR.	LARGEUR.	PRINCIPAUX VILLAGES. NOM en quoc-ngu.	NOM en caractères.	NOMBRE de cases.	COURS D'EAU, AQUEDUCS, ETC. NOM en quoc-ngu.	NOM en caractères.	LARGEUR.	PROFONDEUR.	PRINCIPALES CULTURES SUR PIED et produits divers.
Report.			55,284 25	80,328						7,128			1,722m50		
(350)	90 1/2	O.	203 00	300	55,487 25	1m80	1m50			»	Aqueduc.		1 00	»	Rizières.
(351)	90 3/4	O.	216 00	315	55,703 25	1 20	2 00	Village à droite. Village à gauche		80 80			»	»	*Idem.*
(352)	91	O.	214 00	315	55,917 25	1 20	2 50			»			»	»	Divers labours.
(353)	90	O.	213 00	315	56,130 25	1 20	2 50			»			»	»	Rizières.
(354)	91	O.	217 00	325	56,347 25	1 00	2 00			1			»	»	*Idem.*
(355)	90 1/4	O.	210 00	325	56,557 25	1 80	1 50			»			»	»	*Idem.*
(356)	90	O.	217 00	325	56,774 25	1 80	3 00			»			»	»	*Idem.*
(357)	90 3/4	O.	213 00	315	56,987 25	1 80	2 00			»			»	»	Labours.
(358)	90	O.	210 00	315	57,197 25	1 10	1 80	Village à 1,500 mètres à gauche.		»			»	»	*Idem.*
(359)	90 3/4	O.	217 00	335	57,414 25	1 30	2 50			»	Aqueduc.		1 00	»	*Idem.*
(360)	90	O.	218 00	330	57,632 25	2 10	1 40	Village à 500 mètres à droite.		»			»	»	Rizières.
(361)	90 3/4	O.	219 00	331	57,851 25	2 10	2 30	Village à droite, village à 1,500 mètres à gauche.		150			»	»	*Idem.*
A reporter.			57,851 25	84,474						7,439			1,724 50		

Voir les observations, pages 156 et suivantes.

LECTURE DES INSTRUMENTS A CHAQUE STATION.								PRINCIPAUX VILLAGES.			COURS D'EAU, AQUEDUCS, ETC.				PRINCIPALES CULTURES SUR PIED et produits divers.
NUMÉRO d'ordre.	ANGLE de la visée avec l'aiguille aimantée, en grades.	DIRECTION de la visée.	DISTANCE entre les extrémités de la station, en mètres.	DISTANCE entre les extrémités de la station, en pas.	DISTANCE totale du point de départ.	HAUTEUR.	LARGEUR.	NOM en quoc-ngu.	NOM en caractères.	NOMBRE de cases.	NOM en quoc-ngu.	NOM en caractères.	LARGEUR.	PROFONDEUR.	
Report			57,851 25	84,174						7,439			1,724m50		
(362)	90	O.	215 00	330	58,066 25	1m60	2m50			»	Aqueduc.		1 00	»	Rizières.
(363)	89 3/4	O.	215 00	330	58,281 25	2 00	2 80			»			»	»	*Idem.*
(364)	90 3/4	O.	217 00	330	58,498 25	1 80	1 50			»			»	»	*Idem.*
(365)	90	O.	254 00	380	58,752 25	2 40	1 50	Village à 500 mètres à droite.		70			»	»	Labours.
(366)	89 1/2	O.	215 00	350	58,967 25	2 00	1 50	Village à droite.		»			»	»	*Idem.*
(367)	89 1/2	O.	222 00	345	59,189 25	2 00	1 30			2			»	»	Coton.
(368)	89 3/4	O.	217 00	320	59,406 25	1 80	1 50			»			»	»	Labours.
(369)	89 1/2	O.	211 00	315	59,617 25	1 80	1 50	Village à 2,000 mètres à gauche.		»			»	»	Terres incultes.
(370)	89 1/2	O.	218 00	325	59,835 25	1 00	2 50			»			»	»	*Idem.*
(371)	89 3/4	O.	211 00	310	60,046 25	1 00	3 50			»			»	»	Labours.
(372)	89 1/4	O.	213 00	345	60,259 25	0 80	3 50			»			»	»	*Idem.*
(373)	89 3/4	O.	216 00	315	60,475 25	1 00	3 00			»			»	»	Rizières.
A reporter			60,475 25	88,189						7,511			1,725 50		

Voir les observations, pages 156 et suivantes.

NUMÉRO d'ordre.	LECTURE DES INSTRUMENTS A CHAQUE STATION. ANGLE de la visée avec l'aiguille aimantée, en grades.	DIRECTION de la visée.	DISTANCE entre les extrémités de la station, en mètres.	DISTANCE entre les extrémités de la station, en pas.	DISTANCE totale du point de départ.	HAUTEUR.	LARGEUR.	PRINCIPAUX VILLAGES. NOM en quoc-ngu.	NOM en caractères.	NOMBRE de cases.	COURS D'EAU, AQUEDUCS, ETC. NOM en quoc-ngu.	NOM en caractères.	LARGEUR.	PROFONDEUR.	PRINCIPALES CULTURES SUR PIED et produits divers.
Report........................			60,475 25	88,439						7,511			1,725m50		
(374)	90	0.	215 00	315	60,690 25	1m10	3m00			»			»	»	Sésames.
(375)	90	0.	210 00	315	60,900 25	0 70	3 00			»			»	»	Arachides, terres incultes.
(376)	89 1/2	0.	216 00	320	61,116 25	1 40	2 00			»			»	»	Terres incultes.
(377)	89 1/2	0.	214 00	315	61,330 25	0 60	2 50			»	Fossé.		15 00	»	Rizières, terres incultes.
(378)	89 1/2	0.	210 00	315	61,540 25	0 50	1 60	Village à 400 mètres à gauche.		50	Aqueduc.		1 50	»	Rizières.
(379)	89 3/4	0.	196 00	300	61,736 25	1 20	1 50	A 300 mètres à gauche.		3			»	»	*Idem.*
(380)	89	0.	202 00	300	61,938 25	1 50	2 00	Village à 100 mètres à droite.		40	Fossé délimitant les provinces de Hai-duong et de Bac-ninh.		»	»	*Idem.*
(381)	90 1/2	0.	103 50	162	62,041 75	1 50	2 00	Village à 150 mètres à gauche.		»	Aqueduc.		20 00	»	»
(382)	89 1/4	0.	209 00	300	62,250 75	1 00	3 00			»			»	»	Labours.
(383)	89 1/2	0.	214 00	315	62,464 75	0 80	2 00			»			»	»	*Idem.*
(384)	89 3/4	0.	213 00	315	62,677 75	1 00	2 50			»			»	»	Rizières.
(385)	89 1/4	0.	216 00	315	62,893 75	0 60	3 00	Villages à droite et à gauche.		»			»	»	*Idem.*
A reporter........................			62,893 75	91,736						7,604			1,762 00		

Voir les observations, pages 156 et suivantes.

LECTURE DES INSTRUMENTS A CHAQUE STATION.								PRINCIPAUX VILLAGES.			COURS D'EAU, AQUEDUCS, ETC.				PRINCIPALES CULTURES SUR PIED et produits divers.
NUMÉRO d'ordre.	ANGLE de la visée avec l'aiguille aimantée, en grades.	DIRECTION de la visée.	DISTANCE entre les extrémités de la station, en mètres.	DISTANCE entre les extrémités de la station, en pas.	DISTANCE totale du point de départ.	HAUTEUR.	LARGEUR.	NOM en quoc-ngu.	NOM en caractères.	NOMBRE de cases.	NOM en quoc-ngu.	NOM en caractères.	LARGEUR.	PROFONDEUR.	
Report.			62,893 75	91,726						7,604			1,762m00		
(386)	89 1/4	O.	212 00	315	63,105 75	0m60	3m60			»			»	»	Rizières.
(387)	89 3/4	O.	112 00	154	63,217 75	1 00	3 00	Ghat-kéo.	揭驕	30			»	»	»
(388)	88 1/4	O.	50 00	80	63,267 75	»	5 00	*Idem.*		»			»	»	»
(389)	72 1/4	O.-N.-O.	107 00	145	63,374 75	0 60	2 50			»			»	»	Divers
(390)	72 1/4	O.-N.-O.	145 00	180	63,519 75	1 30	2 00			»			»	»	*Idem.*
(391)	72 1/4	O.-N.-O.	208 00	300	63,727 75	0 60	2 00			»			»	»	Labours.
(392)	72	O.-N.-O.	212 00	315	63,939 75	0 60	2 00			»			»	»	Coton.
(393)	71 1/2	O.-N.-O.	212 00	315	64,151 75	1 00	2 00			»			»	»	*Idem.*
(394)	72 1/4	O.-N.-O.	213 00	315	64,364 75	0 80	2 50			»			»	»	*Idem.*
(395)	71 1/4	O.-N.-O.	214 00	315	64,578 75	0 80	2 50	Kim-quan.	金開	100			»	»	Arachides.
(396)	71 1/2	O.-N.-O.	110 00	180	64,688 75	»	2 50	*Idem.*		»			»	»	»
(397)	117 1/4	O.-S.-O.	69 00	125	64,757 75	»	2 50	*Idem.*		»			»	»	»
A reporter.			64,757 75	94,465						7,734			1,762 00		

Voir les observations, pages 156 et suivantes.

LECTURE DES INSTRUMENTS A CHAQUE STATION.								PRINCIPAUX VILLAGES.			COURS D'EAU, AQUEDUCS, ETC.				PRINCIPALES CULTURES SUR PIED et produits divers.
NUMÉRO d'ordre.	ANGLE de la visée avec l'aiguille aimantée, en grades.	DIRECTION de la visée.	DISTANCE entre les extrémités de la station, en mètres.	DISTANCE entre les extrémités de la station, en pas.	DISTANCE totale du point de départ.	HAUTEUR.	LARGEUR.	NOM en quoc-ngu.	NOM en caractères.	NOMBRE de cases.	NOM en quoc-ngu.	NOM en caractères.	LARGEUR.	PROFONDEUR.	
Report.			64,757 75	94,465						7,734			1,702m00		
(398)	112 1/2	O.	77 00	104	64,834 75	1m50	2m00			»			»	»	»
(399)	117 1/4	O.-S.-O.	33 00	45	64,867 75	2 60	2 50			»			»	»	»
(400)	116 1/2	O.-S.-O.	28 50	40	64,896 25	2 00	3 00			»	Cau-rang	求浪	28 50	1 50	Pêcherie.
(401)	109	O.	64 00	96	64,960 25	1 00	3 00	Village.		60 6			»	»	Rizières.
(402)	107	O.	121 00	175	65,081 25	0 30	3 00			10			»	»	*Idem.*
(403)	107 1/2	O.	150 00	180	65,231 25	0 30	2 50			»			»	»	*Idem.*
(404)	104 1/2	O.	170 00	200	65,401 25	0 50	2 50			»			»	»	Ricins.
(405)	105	O.	171 00	200	65,572 25	0 10	2 00			»			»	»	Nénuphars.
(406)	105 3/4	O.	193 00	270	65,765 25	1 00	5 00	Dinh-quoai.	字掛	40			»	»	*Idem.*
(407)	189	S.	15 50	25	65,780 75	1 20	2 50	*Idem.*		»			»	»	Sapins divers.
(408)	102 3/4	O.	24 00	35	65,804 75	1 20	2 50			10			»	»	»
(409)	10	N.	12 50	20	65,817 25	1 20	2 50			»	Aqueduc.		1 00	»	»
A reporter.			65,817 25	95,975						7,860			1,791 50		

Voir les observations, pages 156 et suivantes.

LECTURE DES INSTRUMENTS A CHAQUE STATION.								PRINCIPAUX VILLAGES.			COURS D'EAU, AQUEDUCS, ETC.				PRINCIPALES CULTURES SUR PIED et produits divers.
NUMÉRO d'ordre.	ANGLE de la visée avec l'aiguille aimantée, en grades.	DIRECTION de la visée	DISTANCE entre les extrémités de la station, en mètres.	DISTANCE entre les extrémités de la station, en pas.	DISTANCE totale du point de départ.	HAUTEUR.	LARGEUR.	NOM en quoc-ngu.	NOM en caractères.	NOMBRE de cases.	NOM en quoc-ngu.	NOM en caractères.	LARGEUR.	PROFONDEUR.	
Report........................			65,817 25	95,975						7,860			1,701m50		
(410)	104 1/4	0.	222 00	350	66,039 25	1m50	2m00			»			»	»	Canne à sucre.
(411)	106 1/4	0.	218 00	350	66,257 25	1 30	2 50			»			»	»	Arachides.
(412)	104 1/2	0.	213 00	340	66,470 25	1 00	3 00	Village à 200 mètres à droite.		»			»	»	Arachides, ricins.
(413)	105 3/4	0.	222 00	350	66,692 25	1 10	3 00	Village à 300 mètres à droite.		»			»	»	Rizières.
(414)	105	0.	212 00	330	66,904 25	1 30	2 50			»			»	»	*Idem.*
(415)	105	0.	214 00	335	67,118 25	1 50	3 50			»			»	»	Rizières, ricins.
(416)	106 1/4	0.	203 00	300	67,321 25	1 80	1 00			»	Aqueduc.		1 00	»	Rizières.
(417)	102 1/2	0.	213 00	325	67,534 25	1 10	2 50			»			»	»	*Idem.*
(418)	106 1/4	0.	210 00	325	67,744 25	0 60	2 50	Village à 500 mètres à droite, village à 700 mètres à gauche.		100			»	»	Labours, rizières.
(419)	105	0.	212 00	325	67,956 25	0 60	2 50			»			»	»	Rizières.
(420)	106 1/2	0.	204 00	300	63,160 25	0 60	2 50			»			»	»	*Idem.*
(421)	105 1/4	0.	179 00	230	63,339 25	1 50	2 00			»			»	»	*Idem.*
A reporter........................			68,339 25	99,885						7,960			1,792 50		

Voir les observations, pages 156 et suivantes.

8.

LECTURE DES INSTRUMENTS A CHAQUE STATION.								PRINCIPAUX VILLAGES.			COURS D'EAU, AQUEDUCS, ETC.				PRINCIPALES CULTURES SUR PIED et produits divers.
NUMÉRO d'ordre.	ANGLE de la visée avec l'aiguille aimantée, en grades.	DIRECTION de la visée.	DISTANCE entre les extrémités de la station, en mètres.	DISTANCE entre les extrémités de la station, en pas.	DISTANCE totale du point de départ.	HAUTEUR.	LARGEUR.	NOM en quoc-ngu.	NOM en caractères.	NOMBRE de cases.	NOM en quoc-ngu.	NOM en caractères.	LARGEUR.	PROFONDEUR.	
Report			68,339 25	99,885						7,960			1,792m50		
(422)	105 1/4	O.	214 00	325	68,553 25	1m20	1m60	Village à 50 mètres à droite.		200			»	»	Rizières.
(423)	105 1/2	O.	200 00	300	68,753 25	1 20	2 00			»			»	»	Argile ferrugineuse.
(424)	84	O.-N.-O.	74 00	132	68,827 25	2 00	0 90			»	Aqueduc.		1 00	»	*Idem.*
(425)	113	S.-S.-O.	215 00	330	69,042 25	1 10	2 00			»			»	»	Labours, argile ferrugineuse.
(426)	104 1/2	O.	189 00	290	69,231 25	0 60	2 50			»			»	»	*Idem.*
(427)	99 1/2	O.	151 00	230	69,382 25	0 40	4 00	Village à 500 mètres à droite.		»	Pont de huit travées.		»	»	Labours.
(428)	104 1/2	O.	204 00	300	69,586 25	1 20	3 00			»			»	»	*Idem.*
(429)	106 1/4	O.	210 00	300	69,796 25	0 60	4 50			»			»	»	Divers.
(430)	104	O.	68 00	105	69,864 25	1 10	8 00			15			»	»	Figurines en papier.
(431)	104 1/2	O.	205 00	300	70,069 25	0 40	4 50	Village à 250 mètres à droite.		»			»	»	Argile.
(432)	105	O.	210 00	315	70,279 25	1 00	3 50			»			»	»	Labours.
(433)	105	O.	212 00	315	70,491 25	1 00	3 50			»			»	»	»
A reporter			70,491 25	103,127						8,175			1,793 50		

Voir les observations, pages 156 et suivantes.

LECTURE DES INSTRUMENTS A CHAQUE STATION.								PRINCIPAUX VILLAGES.			COURS D'EAU, AQUEDUCS, ETC.				PRINCIPALES CULTURES SUR PIED et produits divers.
NUMÉRO d'ordre.	ANGLE de la visée avec l'aiguille aimantée, en grades.	DIRECTION de la visée.	DISTANCE entre les extrémités de la station, en mètres.	DISTANCE entre les extrémités de la station, en pas.	DISTANCE totale du point de départ.	HAUTEUR.	LARGEUR.	NOM en quoc-ngu.	NOM en caractères.	NOMBRE de cases.	NOM en quoc-ngu.	NOM en caractères.	LARGEUR.	PROFONDEUR.	
Report			70,401 25	103,127						8,175			1,793m50		
(434)	105 1/2	O.	182 00	275	70,673 25	0m80	6m00	Village à droite.		»			»	»	Puits.
(435)	104	O.	170 00	275	70,840 25	0 60	5 00	*Idem.*		30			»	»	»
(436)	104	O.	230 00	335	71,079 25	1 20	3 50			»			»	»	Rizières.
(437)	103 3/4	O.	231 00	325	71,310 25	1 20	4 00			»			»	»	*Idem.*
(438)	104 3/4	O.	216 00	315	71,526 25	1 20	4 00	Village à 500 mètres à droite.		150			»	»	*Idem.*
(439)	104	O.	224 00	325	71,754 25	1 20	4 50			»			»	»	*Idem.*
(440)	102 3/4	O.	54 00	75	71,808 25	1 25	6 00	Village à 800 mètres à droite, village à 1,500 mètres à gauche.		200 200			» »	» »	*Idem.* *Idem.*
(441)	104	O.	225 00	335	72,033 25	1 30	4 50			»			»	»	Labours.
(442)	103 1/4	O.	235 00	335	72,268 25	1 40	3 00			»			»	»	*Idem.*
(443)	104 1/2	O.	225 00	335	72,493 25	1 40	2 50			»			»	»	*Idem.*
(444)	102 3/4	O.	257 00	400	72,750 25	1 50	2 00			»			»	»	Divers.
(445)	104	O.	203 00	300	72,953 25	»	0 40			»			1 00	»	*Idem.*
A reporter			72,058 25	106,737						8,775			1,794 50		

Voir les observations, pages 156 et suivantes.

LECTURE DES INSTRUMENTS A CHAQUE STATION.								PRINCIPAUX VILLAGES.			COURS D'EAU, AQUEDUCS, ETC.				PRINCIPALES CULTURES SUR PIED et produits divers.
NUMÉRO d'ordre.	ANGLE de la visée avec l'aiguille aimantée, en grades.	DIRECTION de la visée.	DISTANCE entre les extrémités de la station, en mètres.	DISTANCE entre les extrémités de la station, en pas.	DISTANCE totale du point de départ.	HAUTEUR.	LARGEUR.	NOM en quoc-ngu.	NOM en caractères.	NOMBRE de cases.	NOM en quoc-ngu.	NOM en caractères.	LARGEUR.	PROFONDEUR.	
Report			72,958 25	106,737						8,755			1,704m50		
(446)	105 1/2	O.	93 00	140	73,051 25	1m30	1m50			»	Aqueduc.		1 00	»	Rizières.
(447)	104 1/4	O.	226 00	340	73,277 25	1 40	2 50			»			»	»	Terres inondées.
(448)	104 1/4	O.	217 00	330	73,494 25	1 40	2 50	Village à 150 mètres à gauche.		30			»	»	*Idem.*
(449)	109 1/4	O.	59 00	75	73,553 25	2 50	1 00			10			»	»	*Idem.*
(450)	96 3/4	O.	49 00	70	73,602 25	2 50	1 00	Village.		30	Cau-dat.	求坦	3 00	0 50	»
(451)	105	O.	106 50	150	73,708 75	»	3 00	*Idem.*		»			»	»	Puits.
(452)	109 1/2	O.	220 00	330	73,928 75	1 00	4 00			»			»	»	Divers.
(453)	96	O.	177 00	260	74,105 75	1 00	4 00			»			»	»	Rizières.
(454)	187 1/2	S.-S.-O.	71 00	105	74,176 75	2 00	1 40			»	Cau gia.	求加	15 00	1 00	*Idem.*
(455)	107	O.	196 00	300	74,372 75	1 00	0 40	*Idem.*		»			»	»	*Idem.*
(456)	107	O.	190 00	290	74,562 75	0 40	2 00	*Idem.*		120			»	»	*Idem.*
(457)	113 1/2	O.-S.-O.	218 00	315	74,780 75	0 40	2 00			»			»	»	Palmier à sucre.
A reporter			74,780 75	109,442						8,945			,19 50		

Voir les observations, pages 158 et suivantes.

NUMÉRO d'ordre.	ANGLE de la visée avec l'aiguille aimantée, en grades.	DIRECTION de la visée.	DISTANCE entre les extrémités de la station, en mètres.	DISTANCE entre les extrémités de la station, en pas.	DISTANCE totale du point de départ.	HAUTEUR.	LARGEUR.	PRINCIPAUX VILLAGES. NOM en quoc-ngu.	NOM en caractères.	NOMBRE de cases.	COURS D'EAU, AQUEDUCS, ETC. NOM en quoc-ngu.	NOM en caractères.	LARGEUR.	PROFONDEUR.	PRINCIPALES CULTURES SUR PIED et produits divers.
Report......................			74,780 75	109,442						8,945			1,812m50		
(458)	95	O.	148 00	220	74,928 75	0m40	0m50			»			»	»	Rizières.
(459)	38	N.-O.	84 00	125	75,012 75	1 00	2 40			»			»	»	*Idem.*
(460)	109	O.	213 00	315	75,225 75	1 00	2 50			»			»	»	*Idem.*
(461)	100	O.	214 00	315	75,439 75	1 00	2 50			»			»	»	*Idem.*
(462)	109	O.	219 00	315	75,658 75	1 00	2 50	Village à 1,000 mètres à gauche.		100			»	»	*Idem.*
(463)	108	O.	213 00	315	75,871 75	0 80	1 40			»	Aqueduc. Tranchée.		1 00 3 00	»	*Idem.*
(464)	109	O.	222 00	320	76,093 75	0 80	2 00			1			»	»	*Idem.*
(465)	100 1/2	O.	206 00	300	76,299 75	0 50	2 50	Village à 100 mètres à droite.		40			»	»	*Idem.*
(466)	108 1/2	O.	172 00	254	76,471 75	1 20	4 00	Ngo-long.	僮[illegible]	120			»	»	»
(467)	109	O.	208 00	300	76,679 75	1 50	1 30			»			»	»	Labours.
(468)	113 1/2	O.-S.-O.	205 00	300	76,884 75	0 60	4 00	Villages.		»			»	»	Coton.
(469)	126 1/2	O.-S.-O.	58 00	80	76,942 75	0 60	4 00	Giang-lang		1,500			»	»	»
A reporter......................			76,942 75	112,601						10,706			1,816 50		

Voir les observations, pages 156 et suivantes.

LECTURE DES INSTRUMENTS A CHAQUE STATION.								PRINCIPAUX VILLAGES.			COURS D'EAU, AQUEDUCS, ETC.				PRINCIPALES CULTURES SUR PIED et produits divers.
NUMÉRO d'ordre.	ANGLE de la visée avec l'aiguille aimantée, en grades.	DIRECTION de la visée.	DISTANCE entre les extrémités de la station, en mètres.	DISTANCE entre les extrémités de la station, en pas.	DISTANCE totale du point de départ.	HAUTEUR.	LARGEUR.	NOM en quoc-ngu.	NOM en caractères.	NOMBRE de cases.	NOM en quoc-ngu.	NOM en caractères.	LARGEUR.	PROFONDEUR.	
Report........................			76,942 75	112,601						10,706			1,816m50		
(470)	124 1/4	O.-S.-O.	113 00	175	77,055 75	1m00	3m00			»			»	»	Rizières.
(471)	80 1/2	O.-N.-O.	102 00	160	77,157 75	1 10	2 50			»			»	»	*Idem.*
(472)	79 3/4	O.-N.-O.	37 75	48	77,195 50	1 10	2 50			»	Arroyo.		37m75	0m90	*Idem.*
(473)	79 1/2	O.-N.-O.	170 00	254	77,365 50	0 40	4 00			»			»	»	Labours.
(474)	73 1/2	O.-N.-O.	198 00	296	77,563 50	0 50	12 00			»			»	»	*Idem.*
(475)	86	O.-N.-O.	211 00	310	77,774 50	0 50	2 50			»			»	»	*Idem.*
(476)	87	O.-N.-O.	210 00	310	77,984 50	0 30	4 00			»			»	»	*Idem.*
(477)	88	O.	208 00	310	78,192 50	0 60	1 50			»	Fossé.		16 00	0 95	Divers.
(478)	88	O.	215 00	315	78,407 50	0 70	1 00			»	Aqueduc.		1 00	»	Nénuphars.
(479)	86	O.-N.-O.	148 00	212	78,555 50	0 80	2 50	Village à 350 mètres à droite.		70	*Idem.*		0 50	»	*Idem.*
(480)	88	O.	240 00	330	78,795 50	0 20	2 00			»	*Idem.*		1 00	»	Divers.
(481)	87	O.-N.-O.	230 00	330	79,025 50	»	3 00			»			»	»	Rizières.
A reporter........................			79,025 50	115,651						10,776			1,873 75		

Voir les observations, pages 156 et suivantes.

LECTURE DES INSTRUMENTS A CHAQUE STATION.								PRINCIPAUX VILLAGES.			COURS D'EAU, AQUEDUCS, ETC.				PRINCIPALES CULTURES SUR PIED et produits divers.
NUMÉRO d'ordre.	ANGLE de la visée avec l'aiguille aimantée, en grades.	DIRECTION de la visée.	DISTANCE entre les extrémités de la station, en mètres.	DISTANCE entre les extrémités de la station, en pas.	DISTANCE totale du point de départ.	HAUTEUR.	LARGEUR.	NOM en quoc-ngu.	NOM en caractères.	NOMBRE de cases.	NOM en quoc-ngu.	NOM en caractères.	LARGEUR.	PROFONDEUR.	
Report........................			79,025 50	115,651						10,776			1,872m75		
(482)	87	O.-N.-O.	214 00	320	79,230 50	0m30	3m00			»			»	»	Rizières.
(483)	86 1/2	O.-N.-O.	215 00	320	79,454 50	1 00	2 00			»			»	»	*Idem.*
(484)	87 1/2	O.-N.-O.	212 00	320	79,666 50	1 30	2 50			»	Aqueduc.		0 50	0m50	*Idem.*
(485)	87	O.-N.-O.	209 00	300	79,875 50	0 40	3 00			»	*Idem.*		1 50	»	*Idem.*
(486)	87 1/4	O.-N.-O.	218 00	325	80,093 50	1 30	3 50			»			»	»	Labours.
(487)	83	O.	215 00	325	80,308 50	1 00	4 00			»			»	»	*Idem.*
(488)	102 1/2	O.	210 00	320	80,518 50	1 10	1 50	Village à 100 mètres à gauche.		50			»	»	*Idem.*
(489)	123 1/2	O.-S.-O.	212 00	315	80,730 50	2 00	1 50	Village à 100 mètres à droite.		80			»	»	Divers.
(490)	122 1/4	O.-S.-O.	211 00	315	80,941 50	1 20	6 00			»			»	»	Canne à sucre.
(491)	122 1/4	O.-S.-O.	163 00	280	81,104 50	1 40	1 50			»			»	»	*Idem.*
(492)	96 1/2	O.	166 00	280	81,270 50	2 40	1 00	Ngai-duong.	艾陽	»			»	»	*Idem.*
(493)	30	N.-O.	164 00	280	81,434 50	9 00	3 00	*Idem.*		60			»	»	*Idem.*
A reporter........................			81,434 50	119,351						10,966			1,874 75		

Voir les observations, pages 156 et suivantes.

Numéro d'ordre.	Angle de la visée avec l'aiguille aimantée, en grades.	Direction de la visée.	Distance entre les extrémités de la station, en mètres.	Distance entre les extrémités de la station, en pas.	Distance totale du point de départ.	Hauteur.	Largeur.	Principaux villages: Nom en quoc-ngu.	Nom en caractères.	Nombre de cases.	Cours d'eau, aqueducs, etc.: Nom en quoc-ngu.	Nom en caractères.	Largeur.	Profondeur.	Principales cultures sur pied et produits divers.
Report.			81,434 50	119,351						10,966			1,874m75		
(494)	40	N.-O.	76 00	104	81,510 50	0m80	4m00			»			»	»	Nénuphars.
(495)	40	N.-O.	131 00	200	81,641 50	0 80	4 00			»			»	»	*Idem.*
(496)	40	N.-O.	177 00	215	81,818 50	0 80	2 50			»	Aqueduc.		4 00	»	Divers.
(497)	96 1/4	O.	162 00	210	81,980 50	0 80	2 50			»			»	»	*Idem.*
(498)	90	O.	178 00	223	82,158 50	0 80	4 00	Village à gauche		60			»	»	Labours.
(499)	98 1/2	O.	203 00	300	82,361 50	1 00	1 50			»			»	»	Nénuphars, rizières.
(500)	90	O.	214 00	305	82,575 50	1 50	6 00			6			»	»	Nénuphars.
(501)	97 1/2	O.	238 00	340	82,813 50	1 50	6 00	*Idem.*		70			»	»	Rizières.
(502)	98	O.	260 00	340	83,073 50	1 00	1 00			»			»	»	Labours.
(503)	72	O.-N.-O.	220 00	330	83,293 50	1 00	0 50			»			»	»	Canne à sucre.
(504)	72	O.-N.-O.	218 00	325	83,511 50	0 60	2 50	Village à 100 mètres à gauche.		40			»	»	Nénuphars, rizières.
(505)	71 1/4	O.-N.-O.	214 00	320	83,725 50	1 00	2 50	Village à 800 mètres à gauche.		»			»	»	*Idem.*
A reporter.			83,725 50	122,563						11,142			1,875 75		

Voir les observations, pages 156 et suivantes.

LECTURE DES INSTRUMENTS A CHAQUE STATION.								PRINCIPAUX VILLAGES.			COURS D'EAU, AQUEDUCS, ETC.				PRINCIPALES CULTURES SUR PIED et produits divers.
NUMÉRO d'ordre.	ANGLE de la visée avec l'aiguille aimantée, en grades.	DIRECTION de la visée.	DISTANCE entre les extrémités de la station, en mètres.	DISTANCE entre les extrémités de la station, en pas.	DISTANCE totale du point de départ.	HAUTEUR.	LARGEUR.	NOM en quoc-ngu.	NOM en caractères.	NOMBRE de cases.	NOM en quoc-ngu.	NOM en caractères.	LARGEUR.	PROFONDEUR.	
Report........................			83,725 50	122,563						11,142			1,875m75		
(506)	71 1/2	O.-N.-O.	217 00	315	83,042 50	1m80	2m50			»	Aqueduc.		1 50	»	Rizières.
(507)	85 1/2	O.-N.-O.	208 00	300	84,150 50	1 20	3 00			»			»	»	*Idem.*
(508)	96 1/2	O.	212 00	307	84,302 50	1 20	3 00			»			»	»	*Idem.*
(509)	97 1/4	O.	213 00	308	84,575 50	1 20	3 00	Village à 100 mètres à gauche.		50			»	»	Plantain d'eau.
(510)	94 1/4	O.	212 00	300	84,787 50	0 60	3 00			»			»	»	Labours.
(511)	83 1/2	O.-N.-O.	219 00	300	85,006 50	0 80	3 00			»			»	»	*Idem.*
(512)	82	O.-N.-O.	217 00	315	85,223 50	0 40	2 00	Village à 150 mètres à droite.		120			»	»	*Idem.*
(513)	81 1/2	O.-N.-O.	218 00	315	85,444 50	0 80	2 00	Village à gauche		120			»	»	*Idem.*
(514)	81	O.-N.-O.	59 50	78	85,504 00	»	6 00	*Idem.*		»			»	»	»
(515)	49	N. O.	80 50	123	85,581 50	2 50	6 00			»	Cau-giau.	求油	41 50	0m30	»
(516)	55	N.-O.	41 50	62	85,623 00	»	5 00	Binh-luong.	平良	300			»	»	»
(517)	85	O.-N.-O.	70 50	104	85,693 50	»	4 00	*Idem.*		»			»	»	»
A reporter....................			85,693 50	125,390						11,732			1,918 75		

Voir les observations, pages 156 et suivantes.

LECTURE DES INSTRUMENTS A CHAQUE STATION.								PRINCIPAUX VILLAGES.			COURS D'EAU, AQUEDUCS, ETC.				PRINCIPALES CULTURES SUR PIED et produits divers.
NUMÉRO d'ordre.	ANGLE de la visée avec l'aiguille aimantée, en grades.	DIRECTION de la visée.	DISTANCE entre les extrémités de la station, en mètres.	DISTANCE entre les extrémités de la station, en pas.	DISTANCE totale du point de départ.	HAUTEUR.	LARGEUR.	NOM en quoc-ngu.	NOM en caractères.	NOMBRE de cases.	NOM en quoc-ngu.	NOM en caractères.	LARGEUR.	PROFONDEUR.	
Report			85,693 50	125,390						11,732			1,918m75		
(518)	101 1/2	O.	63 00	97	85,756 50	»	3m50	Binh-luong.		»			»	»	»
(519)	91	O.	220 00	335	85,976 50	0m40	3 00	Village à 150 mètres à droite.		»			»	»	Rizières.
(520)	93 3/4	O.	145 00	200	86,121 50	0 40	3 00			»			»	»	*Idem.*
(521)	93	O.	204 00	305	86,325 50	1 00	4 0			»	Aqueduc.		1 00	»	*Idem.*
(522)	93 1/2	O.	214 00	315	86,539 50	1 00	4 00			»			»	»	*Idem.*
(523)	93 1/2	O.	207 00	315	86,746 50	1 00	4 00			»			»	»	*Idem.*
(524)	92 1/2	O.	208 00	315	86,954 50	1 00	4 00			»			»	»	*Idem.*
(525)	93	O.	230 00	345	87,184 50	0 20	3 00			»			»	»	*Idem.*
(526)	93 1/2	O.	147 00	300	87,331 50	0 30	4 00			15			»	»	*Idem.*
(527)	92 1/2	O.	221 00	340	87,552 50	0 80	2 00	Khien-ky.	驍騎	500	*Idem.*		0 50	1m00	*Idem.*
(528)	82	O.-N.-O.	55 00	80	87,607 50	»		*Idem.*		»			»	»	»
(529)	99	O.	87 00	130	87,694 50	0 40	2 50	*Idem.*		»			»	»	Labours.
A reporter			87,694 50	128,457						12,247			1,920 25		

Voir les observations, pages 156 et suivantes.

LECTURE DES INSTRUMENTS A CHAQUE STATION.								PRINCIPAUX VILLAGES.			COURS D'EAU, AQUEDUCS, ETC.				PRINCIPALES CULTURES SUR PIED et produits divers.
NUMÉRO d'ordre.	ANGLE de la visée avec l'aiguille aimantée, en grades.	DIRECTION de la visée.	DISTANCE entre les extrémités de la station, en mètres.	DISTANCE entre les extrémités de la station, en pas.	DISTANCE totale du point de départ.	HAUTEUR.	LARGEUR.	NOM en quoc-ngu.	NOM en caractères.	NOMBRE de cases.	NOM en quoc-ngu.	NOM en caractères.	LARGEUR.	PROFONDEUR.	
Report.			87,694 50	128,457						12,247			1,920m25		
(530)	94 1/2	O.	190 00	280	87,884 50	0m40	2m50	Khien-ky.		»			»	»	Labours.
(531)	92 1/2	O.	101 00	150	87,985 50	1 40	2 00	*Idem.*		»			»	»	Nénuphars.
(532)	94 1/2	O.	78 00	105	88,063 50	»	5 00	*Idem.*		»			»	»	»
(533)	88	O.	63 50	95	88,127 00	»	5 00	*Idem.*		»			»	»	»
(534)	92	O.	84 00	120	88,211 00	»	10 00	*Idem.*		»			»	»	»
(535)	93 1/2	O.	114 00	160	88,325 00	0 30	3 50			»			»	»	»
(536)	91	O.	70 00	105	88,395 00	0 30	3 50			»			»	»	Rizières.
(537)	94	O.	210 00	315	88,605 00	0 30	3 50			»			»	»	*Idem.*
(538)	92	O.	200 00	300	88,805 00	0 30	4 00			»			»	»	*Idem.*
(539).	94	O.	202 00	300	89,007 00	0 30	4 50			»			»	»	*Idem.*
(540)	93 1/2	O.	204 00	300	89,211 00	0 30	7 00			»			»	»	*Idem.*
(541)	91 1/2	O.	200 00	300	89,411 00	0 30	2 00			»			»	»	*Idem.*
A reporter.			89,411 00	130,987						12,247			1,920 25		

Voir les observations, pages 156 et suivantes.

LECTURE DES INSTRUMENTS A CHAQUE STATION.									PRINCIPAUX VILLAGES.			COURS D'EAU, AQUEDUCS, ETC.				PRINCIPALES CULTURES SUR PIED et produits divers.
NUMÉRO d'ordre.	ANGLE de la visée avec l'aiguille aimantée, en grades.	DIRECTION de la visée.	DISTANCE entre les extrémités de la station, en mètres.	DISTANCE entre les extrémités de la station, en pas.	DISTANCE totale du point de départ.	HAUTEUR.	LARGEUR.		NOM en quoc-ngu.	NOM en caractères.	NOMBRE de cases.	NOM en quoc-ngu.	NOM en caractères.	LARGEUR.	PROFONDEUR.	
Report			89,411 00	130,987							12,247			1,920m25		
(542)	91 1/2	O.	202 00	300	89,613 00	0m30	2m00				»			»	»	Rizières.
(543)	104	O.	27 00	40	89,640 00	1 00	1 50				»	Hung-tao-giang.	興告江	»	»	*Idem.*
(544)	104	O.	20 00	30	89,660 00	»	»				»	*Idem.*		20 00	70	»
(545)	104	O.	33 00	55	89,693 00	1 50	2 50		Da-ton.	多遜	200			»	»	»
(546)	98	O.	106 50	160	89,804 50	0 30	2 00				»			»	»	Rizières.
(547)	100	O.	133 00	195	89,935 50	»	10 00				»			»	»	*Idem.*
(548)	102 1/2	O.	67 00	100	90,003 50	0 40	3 00				»			»	»	*Idem.*
(549)	99 1/2	O.	210 00	315	90,213 50	0 20	4 00				»			»	»	*Idem.*
(550)	98 1/3	O.	193 00	200	90,406 50	»	10 00				»			»	»	Terrains incultes.
(551)	104 1/2	O.	135 50	200	90,542 00	»	10 00		Village.		150			»	»	*Idem.*
(552)	122	O.-S.-O.	64 00	95	90,606 00	»	10 00		*Idem.*		»			»	»	*Idem.*
(553)	123	O.-S.-O.	90 00	150	90,696 00	0 40	10 00				1			»	»	Rizières.
A reporter			90,696 00	132,917							12,507			1,940 25		

Voir les observations, pages 156 et suivantes.

LECTURE DES INSTRUMENTS A CHAQUE STATION.								PRINCIPAUX VILLAGES.			COURS D'EAU, AQUEDUCS, ETC.				PRINCIPALES CULTURES SUR PIED et produits divers.
NUMÉRO d'ordre.	ANGLE de la visée avec l'aiguille aimantée, en grades.	DIRECTION de la visée.	DISTANCE entre les extrémités de la station, en mètres.	DISTANCE entre les extrémités de la station, en pas.	DISTANCE totale du point de départ.	HAUTEUR.	LARGEUR.	NOM en quoc-ngu.	NOM en caractères.	NOMBRE de cases.	NOM en quoc-ngu.	NOM en caractères.	LARGEUR.	PROFONDEUR.	
Report........................			90,696 00	133,917						12,597			1,940m25		
(554)	90	O.	130 00	190	90,826 00	0m30	3m00	Village à droite.		100			»	»	Rizières.
(555)	80	O.-N.-O.	106 00	160	90,932 00	0 30	2 00	*Idem.*		»			»	»	*Idem.*
(556)	72	O.-N.-O.	127 00	190	91,059 00	0 30	2 00	*Idem.*		»			»	»	*Idem.*
(557)	76 1/2	O.-N.-O.	215 00	345	91,274 00	0 50	4 00			»			»	»	*Idem.*
(558)	80 1/2	O.-N.-O.	139 00	203	91,413 00	0 50	2 00			»			»	»	»
(559)	126	O.-S.-O.	235 00	X	91,648 00	»	»			»	Inondation.		»	»	»
(560)	116	O.-S.-O.	22 50	34	91,670 50	»	»			»	Grande digue.		»	»	»
(561)	22 1/2	N.-.N-O.	218 00	335	91,888 50	15 00	4 00			»			»	»	Rizières.
(562)	33	N.-N.-O.	100 00	150	91,988 50	15 00	4 00	Villages toujours sur la droite.		»			»	»	*Idem.*
(563)	5	N.	66 50	95	92,055 00	15 00	4 00	Dong-giu.	同如	»			»	»	»
(564)	6 1/2	N.	88 00	125	92,143 00	15 00	4 00	*Idem.*		»			»	»	»
(565)	14	N.-N.-O.	48 50	73	92,191 50	15 00	3 00			»			»	»	»
A reporter........................			92,191 50	134.787						12,697			1,940 25		

Voir les observations, pages 156 et suivantes.

LECTURE DES INSTRUMENTS A CHAQUE STATION.								PRINCIPAUX VILLAGES.			COURS D'EAU, AQUEDUCS, ETC.				PRINCIPALES CULTURES
NUMÉRO d'ordre.	ANGLE de la visée avec l'aiguille aimantée, en grades.	DIRECTION de la visée.	DISTANCE entre les extrémités de la station, en mètres.	DISTANCE entre les extrémités de la station, en pas.	DISTANCE totale du point de départ.	HAUTEUR.	LARGEUR.	NOM en quoc-ngu.	NOM en caractères.	NOMBRE de cases.	NOM en quoc-ngu.	NOM en caractères.	LARGEUR.	PROFONDEUR.	SUR PIED et produits divers.
Report........................			92,101 50	134,787						12,097			1,940m25		
(566)	26	N.-N.-O.	58 50	87	92,250 00	15m00	3m00			»			»	»	Terrains incultes entre la digue et le fleuve.
(567)	58	N.-O.	47 00	70	92,207 00	15 00	3 00			»			»	»	»
(568)	71 1/2	O.-N.-O.	57 00	85	92,354 00	15 00	3 00			»			»	»	»
(569)	114 1/2	O.-S.-O.	41 50	63	92,395 50	15 00	3 00	Villages à droite		»			»	»	»
(570)	8	O.	94 50	135	92,490 00	10 00	3 00	*Idem.*		»			»	»	Rizières.
(571)	83 1/4	O.-N.-O.	36 00	54	92,526 00	10 00	3 00	*Idem.*		»			»	»	*Idem.*
(572)	95	O.	46 00	72	92,572 00	10 00	3 00	*Idem.*		»			»	»	*Idem.*
(573)	76 1/2	O.-N.-O.	106 50	158	92,678 50	»	»	*Idem.*		»			»	»	*Idem.*
(574)	72	O.-N.-O.	41 00	63	92,719 50	10 00	3 00	*Idem.*		»			»	»	*Idem.*
(575)	85	O.-N.-O.	81 00	125	92,800 50	10 00	3 00	*Idem.*		»			»	»	Maïs
(576)	87	O.-N.-O.	36 50	55	92,837 00	10 00	3 00	*Idem.*		»			»	»	»
(577)	87	O.-N.-O.	34 50	51	92,871 50	10 00	3 00	*Idem.*		»			»	»	Rizières.
A reporter......................			92,871 50	135,805						12,697			1,940 25		

Voir les observations, pages 156 et suivantes.

LECTURE DES INSTRUMENTS A CHAQUE STATION.								PRINCIPAUX VILLAGES.			COURS D'EAU, AQUEDUCS, ETC.				PRINCIPALES CULTURES SUR PIED et produits divers.
NUMÉRO d'ordre.	ANGLE de la visée avec l'aiguille aimantée, en grades.	DIRECTION de la visée.	DISTANCE entre les extrémités de la station, en mètres.	DISTANCE entre les extrémités de la station, en pas.	DISTANCE totale du point de départ.	HAUTEUR.	LARGEUR.	NOM en quoc-ngu	NOM en caractères.	NOMBRE de cases.	NOM en quoc-ngu.	NOM en caractères.	LARGEUR.	PROFONDEUR.	
Report.			92,871 50	135,805						12,697			1,940·25		
(578)	33 1/2	N.-N.-O.	67 00	»	92,938 50	10·00	3·00	Villages à droite		»			»	»	Ramie.
(579)	36 1/2	N.-N.-O.	67 00	»	93,004 50	10 00	3 00	*Idem.*		»			»	»	»
(580)	384	N.-N.-E.	100 00	»	93,104 50	10 00	3 00	*Idem.*		»			»	»	Rizières.
(581)	11	N.	92 00	»	93,196 50	10 00	3 00	*Idem.*		»			»	»	*Idem.*
(582)	16 1/2	N.-N.-O.	67 00	»	93,267 50	10 00	3 00	Tho-khoi.	土塊	»			»	»	»
(583)	16 1/2	N.-N.-O.	28 50	»	93,296 00	10 00	3 00	Villages à droite		»			»	»	Rizières.
(584)	25	N.-N.-O.	44 00	»	93,340 00	10 00	3 00	*Idem.*		»			»	»	*Idem.*
(585)	20 1/2	N.-N.-O.	37 50	»	93,377 50	10 00	3 00	*Idem.*		»			»	»	*Idem.*
(586)	20 1/2	N.-N.-O.	70 50	»	93,448 00	10 00	3 00	*Idem.*		»			»	»	*Idem.*
(587)	22 1/2	N.-N-O.	67 00	»	93,515 00	10 00	3 00	*Idem.*		»			»	»	*Idem.*
(588)	21	N.-N.-O.	103 00	»	93,618 00	10 00	3 50	*Idem.*		»			»	»	*Idem.*
(589)	27	N.-N.-O.	100 00	»	93,718 00	10 00	3 50	*Idem.*		»			»	»	*Idem.*
A reporter.			93,718 00	»						12,697			1,940 25		

Voir les observations, pages 156 et suivantes.

LECTURE DES INSTRUMENTS A CHAQUE STATION.								PRINCIPAUX VILLAGES.			COURS D'EAU, AQUEDUCS, ETC.				PRINCIPALES CULTURES SUR PIED et produits divers.
NUMÉRO d'ordre.	ANGLE de la visée avec l'aiguille aimantée, en grades.	DIRECTION de la visée.	DISTANCE entre les extrémités de la station, en mètres.	DISTANCE entre les extrémités de la station, en pas.	DISTANCE totale du point de départ.	HAUTEUR.	LARGEUR.	NOM en quoc-ngu.	NOM en caractères.	NOMBRE de cases.	NOM en quoc-ngu.	NOM en caractères.	LARGEUR.	PROFONDEUR.	
Report			93,718 00	»						12,097			1,940m25		
(590)	32 1/2	N.-N.-O.	139 00	»	93,857 00	10m00	3m50	Villages à droite.		»			»	»	Rizières.
(591)	35	N.-N.-O.	147 00	»	94,004 00	10 00	3 50	*Idem.*		»			»	»	*Idem.*
(592)	37	N.-N.-O.	171 00	»	94,175 00	10 00	3 50	*Idem.*		»			»	»	*Idem.*
(593)	97 1/4	O.	36 50	»	94,211 50	10 00	3 50	Thach-cau.	石求	»			»	»	*Idem.*
(594)	19 1/2	N.-N.-O.	43 50	»	94,255 00	10 00	3 00	Villages à droite.		»			»	»	*Idem.*
(595)	377 1/2	N.-N.-E.	46 00	»	94,301 00	10 00	3 00	*Idem.*		»			»	»	*Idem.*
(596)	15 1/2	N.-N.-O.	136 00	»	94,437 00	10 00	3 00	*Idem.*		»			»	»	*Idem.*
(597)	34 1/2	N.-N.-O.	58 50	»	94,495 50	10 00	3 00	*Idem.*		»			»	»	*Idem.*
(598)	42	N.-O.	64 00	»	94,559 50	8 00	3 50	*Idem.*		»			»	»	*Idem.*
(599)	41 1/2	N.-O.	71 50	»	94,631 00	8 00	3 50	*Idem.*		»			»	»	*Idem.*
(600)	67 1/4	O.-N.-O.	26 00	»	94,657 00	8 00	3 50	*Idem.*		»			»	»	*Idem.*
(601)	123 1/2	O.-S.-O.	44 50	»	94,701 50	8 00	3 50	*Idem.*		»			»	»	*Idem.*
A reporter			94,701 50	»						12,097			1,940 25		

Voir les observations, pages 156 et suivantes.

LECTURE DES INSTRUMENTS A CHAQUE STATION.								PRINCIPAUX VILLAGES.			COURS D'EAU, AQUEDUCS, ETC.				PRINCIPALES CULTURES SUR PIED et produits divers.
NUMÉRO d'ordre.	ANGLE de la visée avec l'aiguille aimantée, en grades.	DIRECTION de la visée.	DISTANCE entre les extrémités de la station, en mètres.	DISTANCE entre les extrémités de la station, en pas.	DISTANCE totale du point de départ.	HAUTEUR.	LARGEUR.	NOM en quoc-ngu.	NOM en caractères.	NOMBRE de cases.	NOM en quoc-ngu.	NOM en caractères.	LARGEUR.	PROFONDEUR.	
Report			94,701 50	»						12,697			1,940m25		
(602)	128	O.-S.-O.	45 50	»	94,747 00	8m00	3m50	Villages à droite		»			»	»	Rizières.
(603)	104	O.	18 00	»	94,765 00	8 00	3 00	*Idem.*		»			»	»	*Idem.*
(604)	21	N.-N.-O.	137 00	»	94,902 00	8 00	3 00	*Idem.*		»			»	»	*Idem.*
(605)	348 1/2	N.-N.-E.	41 50	»	94,943 50	8 00	4 00	*Idem.*		»			»	»	*Idem.*
(606)	45 1/2	N.-O.	70 00	»	95,013 50	8 00	4 00	*Idem.*		»			»	»	*Idem.*
(607)	30	N.-N.-O.	61 50	»	95,075 00	8 00	4 00	*Idem.*		»			»	»	*Idem.*
(608)	38 1/2	N.-O.	188 00	»	95,263 00	10 00	4 00	Ca-linh.	拒灵	»			»	»	*Idem.*
(609)	24 1/2	N.-N.-O.	22 00	»	95,285 00	10 00	4 00	Villages à droite		»			»	»	*Idem.*
(610)	367 1/2	N.-N.-E.	176 00	»	95,461 00	10 00	4 00	*Idem.*		»			»	»	*Idem.*
(611)	11	N.	103 50	»	95,564 50	10 00	4 00	*Idem.*		»			»	»	*Idem.*
(612)	13	N.-N.-O.	21 00	»	95,585 50	10 00	4 00	*Idem.*		»			»	»	*Idem.*
(613)	394 3/4	N.	69 00	»	95,654 50	10 00 15 00	5 00	*Idem.*		»			»	»	*Idem.*
(614)	382	N.-N.-E.	51 00	»	95,705 50	15 00	6 00			»			»	»	Inculte.
A reporter			95,705 50	»						12,697			1,940m25		

Voir les observations, pages 150 et suivantes.

LECTURE DES INSTRUMENTS A CHAQUE STATION.								PRINCIPAUX VILLAGES.			COURS D'EAU, AQUEDUCS, ETC.				PRINCIPALES CULTURES SUR PIED et produits divers.
NUMÉRO d'ordre.	ANGLE de la visée avec l'aiguille aimantée, en grades.	DIRECTION de la visée.	DISTANCE entre les extrémités de la station, en mètres.	DISTANCE entre les extrémités de la station, en pas.	DISTANCE totale du point de départ.	HAUTEUR.	LARGEUR.	NOM en quoc-ngu.	NOM en caractères.	NOMBRE de cases.	NOM en quoc-ngu.	NOM en caractères.	LARGEUR.	PROFONDEUR.	
Report			95,705 50	»						12,697			1,940m25		
(615)	13 1/3	N.-N.-O.	207m00	»	95,912 50	15m00	6m00	Village à 100 mètres à gauche, case à 500 mètres à droite.		»			»	»	Inculte.
(616)	22	N.-N.-O.	156 00	»	96,068 50	15 00	6 00			»			»	»	*Idem.*
(617)	55	N.-O.	167 00	»	96,235 50	15 00	6 00	Case à droite.		»			-	»	Rizières.
(618)	39 1/2	N.-O.	85 00	»	96,320 50	15 00	6 00			»			»	»	»
(619)	92 1/2	O.	86 00	»	96,406 50	15 00	6 00	Case à droite.		»			»	»	»
(620)	49 1/2	N.-O.	20 50	»	96,427 00	14 00	5 00			»			»	»	Arbres fruitiers.
(621)	12 1/2	N.	33 50	»	96,460 50	14 00	5 00			»			»	»	»
(622)	50 1/4	N.-O.	95 00	»	96,555 50	13 00	4 00			»			»	»	»
(623)	81	O.-N.-O.	89 00	»	96,644 50	12 00	4 00			»			»	»	»
(624)	150	S.-O.	55 00	»	96,609 50	15 00	4 00			»			»	»	»
(625)	94	O.-N.-O.	151 00	»	96,850 50	14 00	5 00			»			»	»	»
(626)	112	O.	54 00	»	96,904 50	13 00	5 00	Cô-linh.	古灵	»			»	»	»
(627)	91 1/2	O.-N.-O.	66 00	»	96,970 50	10 00	6 00			»			»	»	»
A reporter			96,970 50	»						12,697			1,940 25		

Voir les observations, pages 156 et suivantes.

LECTURE DES INSTRUMENTS A CHAQUE STATION.								PRINCIPAUX VILLAGES.			COURS D'EAU, AQUEDUCS, ETC.				PRINCIPALES CULTURES
NUMÉRO d'ordre.	ANGLE de la visée avec l'aiguille aimantée, en grades.	DIRECTION de la visée.	DISTANCE entre les extrémités de la station, en mètres.	DISTANCE entre les extrémités de la station, en pas.	DISTANCE totale du point de départ.	HAUTEUR.	LARGEUR.	NOM en quoc-ngu.	NOM en caractères.	NOMBRE de cases.	NOM en quoc-ngu.	NOM en caractères.	LARGEUR.	PROFONDEUR.	SUR PIED et produits divers.
Report........................			96,070 50	»						12,697			1,940m25		
(628)	91 1/2	O.-N.-O.	114m00	»	97,084 50	10m00	6m00			»			»	»	
(629)	78	O.-N.-O.	62 50	»	97,147 00	10 00	3 50	Villages à 300 mètres à gauche.		»			»	»	Rizières.
(630)	72 1/2	O.-N.-O.	192 00	»	97,339 00	8 00	3 50	Villages à droite		»			»	»	*Idem.*
(631)	86	O.-N.-O.	133 00	»	97,472 00	10 00	3 50			»			»	»	*Idem.*
(632)	103	O.	198 00	»	97,670 00	6 00 10 00	4 50	Cases.		»			»	»	*Idem.*
(633)	104	O.	203 00	»	97,872 00	6 00 8 00	4 50	Villages à droite		»			»	»	Maïs.
(634)	78 1/4	O.-N.-O.	202 00	»	98,074 00	8 00	4 00	*Idem.*		»			»	»	Divers.
(635)	70 1/2	O.-N.-O.	59 00	»	98,133 00	8 00	4 00	*Idem.*		»			»	»	Ramie.
(636)	56	N.-O.	120 00	»	98,253 00	7 00	4 00	*Idem.*		»			»	»	Rizières.
(637)	47	N.-O.	94 00	»	98,347 00	6 00	4 00	*Idem.*		»			»	»	*Idem.*
(638)	44 1/2	N.-O.	58 50	»	98,405 50	6 00 10 00	4 00	*Idem.*		»			»	»	*Idem.*
(639)	56 1/4	N.-O.	99 00	»	98,504 50	6 00	4 00	*Idem.*		»			»	»	*Idem.*
(640)	54	N.-O.	69 00	»	98,573 50	6 00	4 00	*Idem.*		»			»	»	*Idem.*
A reporter.........................			98,573 50	»						12,697			1,940 25		

Voir les observations, pages 156 et suivantes.

LECTURE DES INSTRUMENTS A CHAQUE STATION.								PRINCIPAUX VILLAGES.			COURS D'EAU, AQUEDUCS, ETC.				PRINCIPALES CULTURES
NUMÉRO d'ordre.	ANGLE de la visée avec l'aiguille aimentée, en grades.	DIRECTION de la visée	DISTANCE entre les extrémités de la station, en mètres.	DISTANCE entre les extrémités de la station, en pas.	DISTANCE totale du point de départ.	HAUTEUR.	LARGEUR.	NOM en quoc-ngu.	NOM en caractères.	NOMBRE de cases.	NOM en quoc-ngu.	NOM en caractères.	LARGEUR.	PROFONDEUR.	SUR PIED et produits divers.
Report........................			98,573 50	»						12,607			1,940m25		
(641)	65 1/2	O.-N.-O.	99 00	»	98,672 50	6m00	3m00	Pagode.		»			»	»	»
(642)	161 1/2	S.-O.	36 00	»	98,708 50	0 00	3 00	*Idem.*		»			»	»	»
(643)	63 1/2	O.-N.-O.	107 00	»	98,815 50	6 00	3 00	*Idem.*		»			»	»	»
(644)	350	N.-E.	47 00	»	98,862 50	6 00	3 00			»			»	»	»
(645)	48	N.-O.	73 00	»	98,935 50	5 00	3 00	Villages.		»			»	»	Ramie.
(646)	51 1/2	N.-O.	69 00	»	99,004 50	2 00	2 00			»			»	»	»
(647)	70 1/2	N.-N.-O.	52 00	»	99,056 50	2 00	2 00	Cases nombreuses.		»			»	»	Rizières.
(648)	78	O.-N.-O.	56 50	»	99,113 00	2 00	4 00	*Idem.*		»			»	»	*Idem.*
(649)	75	O.-N.-O.	62 00	»	99,175 00	2 00	4 00	*Idem.*		»			»	»	*Idem.*
(650)	73	O.-N.-O.	35 50	»	99,210 50	2 00	4 00	*Idem.*		»			»	»	*Idem.*
(651)	66 1/2	O.-N.-O.	42 00	»	99,252 50	2 00	6 00	*Idem.*		»			»	»	*Idem.*
(652)	76 1/2	O.-N.-O.	86 50	»	99,339 00	3 00	8 00	»		»			»	»	»
(653)	87 1/2	O.-N.-O.	26 50	»	99,365 50	4 00	8 00	»		»			»	»	»
A reporter........................			99,365 50	»						12,607			1,940 25		

Voir les observations, pages 156 et suivantes.

LECTURE DES INSTRUMENTS A CHAQUE STATION.								PRINCIPAUX VILLAGES.			COURS D'EAU, AQUEDUCS, ETC.				PRINCIPALES CULTURES SUR PIED et produits divers.
NUMÉRO d'ordre.	ANGLE de la visée avec l'aiguille aimantée, en grades.	DIRECTION de la visée.	DISTANCE entre les extrémités de la station, en mètres.	DISTANCE entre les extrémités de la station, en pas.	DISTANCE totale du point de départ.	HAUTEUR.	LARGEUR.	NOM en quoc-ngu.	NOM en caractères.	NOMBRE de cases.	NOM en quoc-ngu.	NOM en caractères.	LARGEUR.	PROFONDEUR.	
Report.			99,305 50	»						12,697			1,940 25		
(653 a)	165 3/4	S.-S.-O.	45 00	»	»	3m50	2m00			»			»	»	»
(653 b)	133 1/4	O.-S.-O.	210 00	»	»	3 50	2 00			»			»	»	»
(653 c)	132 1/2	O.-S.-O.	151 00	»	»	3 50	2 00			»			»	»	»
(653 d)	125	O.-S.-O.	82 00	»	»	Niveau.	»			»			»	»	»
(653 e)	132 1/2	O.-S.-O.	127 00	»	»	*Idem.*	»			»			»	»	»
(653 f)	63 1/2	O.-N.-O.	194 00	»	»	*Idem.*	»			»			»	»	»
(653 g)	64	O.-N.-O.	209 00	»	»	*Idem.*	»			»			»	»	»
(653 h)	61	N.-O.	212 00	»	»	*Idem.*	»			»			»	»	»
(654)	85	O.-N.-O.	74 00	»	99,439 50	6 00	4 00	Cases à droite.		»			»	»	Divers.
(655)	84 1/2	O.-N.-O.	108 00	»	99,547 50	5 00	4 00	*Idem.*		»			»	»	Rizières et ramie.
(656)	93 1/2	O.	55 00	»	99,602 50	3 00	3 00	*Idem.*		»			»	»	*Idem.*
(657)	83 1/2	O.-N.-O.	71 00	»	99,673 50	3 00	2 50	*Idem.*		»			»	»	*Idem.*
(658)	80	O.-N.-O.	37 50	»	99,711 00	3 00	2 50	*Idem.*		»			»	»	*Idem.*
(659)	72	O.-N.-O.	72 00	»	99,783 00	3 00	2 50	*Idem.*		»			»	»	*Idem.*
(660)	73	O.-N.-O.	28 00	»	99,811 00	3 00	2 50	*Idem.*		»			»	»	*Idem.*
A reporter.			99,811 00	»						12,697			1,940 25		

Voir les observations, pages 156 et suivantes.

LECTURE DES INSTRUMENTS A CHAQUE STATION.								PRINCIPAUX VILLAGES.			COURS D'EAU, AQUEDUCS, ETC.				PRINCIPALES CULTURES SUR PIED et produits divers.
NUMÉRO d'ordre.	ANGLE de la visée avec l'aiguille aimantée en grades.	DIRECTION de la visée.	DISTANCE entre les extrémités de la station, en mètres.	DISTANCE entre les extrémités de la station, en pas.	DISTANCE totale du point de départ.	HAUTEUR.	LARGEUR.	NOM en quoc-ngu.	NOM en caractères.	NOMBRE de cases.	NOM en quoc-ngu.	NOM en caractères.	LARGEUR.	PROFONDEUR.	
Report			99,811 00	»						12,697			1,940=25		
(661)	57	N.-O.	83 50	»	99,894 50	3=00	2=50	Cases à droite.		»			»	»	Rizières et ramie.
(662)	142	S.-O.	66 50	»	99,961 00	3 00	4 50	*Idem.*		»			»	»	*Idem.*
(663)	75	O.-N.-O.	81 00	»	100,042 00	3 00	4 50	*Idem.*		»			»	»	*Idem.*
(664)	6 1/2	N.	66 50	»	100,108 50	3 00	4 50	*Idem.*		»			»	»	*Idem.*
(665)	87 1/2	O.-N.-O.	82 50	»	100,191 00	3 00	4 50	*Idem.*		»			»	»	*Idem.*
(666)	80	O.-N.-O.	138 00	»	100,329 00	3 00	5 00	*Idem.*		»			»	»	*Idem.*
(667)	398	N.	170 00	»	100,499 00	3 00	6 00	*Idem.*		»			»	»	*Idem.*
(668)	394	N.	173 00	»	100,672 00	3 00	6 00	»		»			»	»	Rizières.
(669)	18 1/2	N.-N.-O.	156 00	»	100,828 00	3 00	8 00	»		»			»	»	*Idem.*
(670)	63	O.-N.-O.	205 00	»	101,033 00	3 00	8 00 4 00	Cases à droite.		»			»	»	*Idem.*
(671)	68	O.-N.-O.	240 00	»	101,273 00	5 00	8 00 4 00	*Idem.*		»			»	»	»
(672)	11	N.	165 00	»	101,438 00	4 00	8 00 5 00	*Idem.*		»			»	»	Rizières.
(673)	94 1/4	O.	77 00	»	101,515 00	3 00	8 00 4 00	*Idem.*		»			»	»	*Idem.*
(674)	6 1/2	N.	109 00	»	101,624 00	3 00	8 00 4 00	Cases.		»			»	»	Jardins.
(675)	391	N.	170 00	»	101,794 00	3 00	8 00 4 00	*Idem.*		»			»	»	*Idem.*
Totaux			101,794 00	»						12,697			1,940 25		

Voir les observations pages 156 et suivantes.

OBSERVATIONS.

(314) A droite, un fossé de 2 mètres conduit l'eau du voisinage dans les fossés de la citadelle.

(315) Le fossé continue à s'étendre à notre droite. — A notre gauche, nous passons devant un sơn-xuyên semblable à celui de la 307e station. D'après ce que nous dit le đội qui commande l'escorte spéciale donnée par le tổng-đốc d'Hải-dương; il y a des monuments identiques à proximité de chacune des faces de la ville.

(316) Groupe de 8 à 10 cases.

(317) Sans observation.

(318) La route fait une courbe assez accentuée que nous négligeons.

(319) Sans observation.

(320) *Idem.*

(321) *Idem.*

(322) *Idem.*

(323) Négligé une nouvelle courbe de la route.

(324) Groupe de 20 cases avec marché à notre droite.

(325) Sur la gauche, une route se détache de la nôtre pour se diriger sur la ville de Hưng-yên.

(326) Sans observation.

(327) *Idem.*

(328) *Idem.*

(329) *Idem.*

(330) *Idem.*

(331) *Idem.*

(332) *Idem.*

(333) *Idem.*

(334) *Idem.*

(335) *Idem.*

(336) Groupe de 4 à 5 cases.

(337) Sans observation.

(338) La route est coupée par un chemin qui la relie aux villages de droite et de gauche. Le village de droite paraît fort important et nous pouvons distinguer, à travers les bambous qui l'entourent, deux grandes pagodes et un certain nombre de cases. D'après la surface qu'il occupe, ce village doit contenir au moins 150 cases. Quant au village de gauche, il est à plus de 500 mètres de nous et nous n'en pouvons rien distinguer.

(339) Sans observation.

(340) Villages dans le lointain des deux côtés de la route.

(341) Sans observation.

(342) Nous quittons la route pour aller sur la gauche, à la pagode du village de Cao-xá 高舍 où nous faisons halte. Ce village dépend du phủ de Binh-giang, huyện de Càm-giang et canton de Lai-cach. La longueur de l'étape n'a été, depuis le bord du Thai-binh, que de 7,422 mèt. 50 cent. Le podomètre indique 10,200 pas. Le total de ceux comptés entre les stations est de 10,931. La pagode où nous sommes descendus semble beaucoup plus ancienne que toutes celles où nous avons logé jusqu'à présent. Nous y remarquons, sur une colonne en pierre, une inscription qui date de la 5e année du règne de Minh-mạng. Nous trouvons aussi, gravés dans la pierre, les caractères chinois 木阮 Les colonnes en bois qui supportent la toiture ont été autrefois recouvertes de laque rouge et de peintures dorées qui sont aux trois quarts effacées. C'est la première pagode où nous trouvons des traces de ce luxe de décoration; les pagodes beaucoup plus importantes de Cô-phước, de Phương-dệ, de Cô-dông et de Đông-khê n'avaient aucune peinture sur les colonnes et ne présentaient de dorures que sur l'autel et dans son entourage immédiat. Sur les solives qui relient les travées entre elles et autour de l'autel, se trouvent des inscriptions en incrustation de nacre qui semblent être des prières ou des sentences religieuses. La pagode fait face au sud et ne contient ni statues ni idoles quelconques. Les peintures murales et celles des colonnes représentent, autant qu'on en peut juger par les rares débris qui subsistent, des dragons enroulés ou des monstres à tête fantastique. Le sanctuaire ne contient rien autre chose qu'un autel très sculpté et très doré, sur lequel se trouvent les vases destinés à recevoir des offrandes. Tout autour de la pagode et entre elle et la route se trouvent de grands champs de coton qu'on travaille à récolter. Cao-xá possède environ 80 cases, mais la pagode où nous sommes est en dehors du village.

(343) En nous mettant en route le mercredi 12 juillet, à 6 heures du matin, nous longeons d'abord une série de rizières nouvellement repiquées.

(344) Sans observation.

(345) A 200 mètres à gauche, une petite pagode isolée.

(346) Champs de coton de divers côtés. A 300 mètres à droite, grand village de plus de 150 cases.

(347) A 1,000 mètres à gauche, se trouve un grand bâtiment en maçonnerie, isolé au milieu de la plaine, mais abrité par deux gros arbres

(348) Champs de coton non encore complétement mûr. A 150 mètres à droite, un village de 75 cases avec une pagode.

(349) Nous sommes au milieu d'un groupe de 20 à 25 cases.

(350) Passé une coupure de la chaussée par laquelle les riverains font s'écouler le trop plein de leurs rizières. Il serait bon de mettre à cet endroit un ponceau ou aqueduc de 1 mètre d'ouverture.

(351) A droite et à gauche, de grands villages de 80 cases chacun environ se trouvent à 400 mètres de la route. A gauche, une petite pagode.

(352) Les champs sont divisés en parcelles très petites ayant à peine 25 mètres de côté et quelquefois moins. Dans toutes les directions, nous apercevons des cultures variées. Pas une parcelle de terre n'est inculte. Partout des laboureurs travaillent la terre.

(353) Nous nous trouvons par le travers d'une grande pagode qui semble appartenir au village que nous avons indiqué comme se trouvant sur la gauche, à la 351e station.

(354) Case de repos en torchis et paillottes.

(355) A 300 mètres à gauche, une construction en briques couverte en tuiles tombe en ruines.

(356) A 1,000 mètres à droite, grand hangar couvert en tuiles.

(357) Les villages sont moins fréquents depuis quelque temps. En revanche, il semble que le nombre des cases groupées dans chacun d'eux est plus grand.

(358) Sur la gauche, un sentier à angle droit de la route conduit à un grand village qui se trouve à 1,500 mètres environ et dont la pagode se détache dans la verdure. Sur la droite, une case isolée.

(359) Passé un aqueduc simplement percé à même le talus de la chaussée.

(360) A 500 mètres à droite, grand village présentant deux pagodes et leurs dépendances, qui forment deux forts groupes de constructions couvertes en tuiles.

(361) Par le travers de la plus grande des deux pagodes que nous venons de signaler. Le village dont elle dépend semble avoir au moins 150 cases. A gauche à 1,500 mètres, autre village dans lequel on ne voit qu'une grande pagode.

(362) Passé un aqueduc dallé. Les eaux des rizières de gauche se déversent à droite en formant une petite cascade. La différence de niveau des eaux est de plus de 50 centimètres.

(363) A 800 mètres à droite, petite case isolée couverte en tuiles.

(364) Sans observation.

(365) A droite, sentier conduisant à un grand village où l'œil peut compter environ 70 cases. Ce village est à 500 mètres de la route.

(366) Quelques mètres avant la station, une chaussée de 1 mèt. 50 cent. se détache de la route. Elle se dirige vers un village situé sur la droite à une grande distance. Cette chaussée paraît suivie par un certain nombre de voyageurs et est entretenue avec plus de soin que la route elle même.

(367) Aux deux tiers de la distance, entre la station précédente et celle-ci, se trouvent deux cases portées par des colonnes en pierre. Elles ont des murs épais en torchis et sont couvertes en tuiles. Ces cases sont placées en équerre, l'une faisant face à la route d'Hà-nội et l'autre à une route de même importance qui se détache vers la gauche, dans la direction de Nam-định. Ce sont évidemment deux maisons de halte dans lesquelles une vingtaine de vieilles femmes vendent aux passants du thé, des chiques, des plats assortis de la cuisine indigène et des pâtisseries communes. Pour tenir leur marchandise au chaud, elles mettent leurs marmites au-dessus de jarres dans lesquelles se consume lentement de la balle de paddy. C'est du reste le seul mode de chauffage que nous rencontrions sur la route pour les usages domestiques. Le bois est tellement rare, que les indigènes n'en font pour ainsi dire pas usage.

(368) Des quantités de travailleurs labourent et hersent les champs voisins.

(369) A gauche, à une grande distance que nous évaluons être d'environ 2 kilomètres, se trouve une pagode très importante dans un village. Entre ce village et la route les terres ne sont pas divisées en champs distincts par des séries de talus s'entrecroisant. Elles sont couvertes d'une espèce de riz qui semble y pousser naturellement et sans culture. Une vingtaine de femmes en haillons, ayant de l'eau au-dessus des genoux, sont occupées à cueillir les maigres épis qu'on aperçoit de place en place. A droite, au contraire, nous continuons à voir de nombreux laboureurs occupés à retourner leurs champs.

(370) A gauche, la terre est couverte d'une couche de 30 à 40 centimètres d'eau, dans laquelle poussent des herbes aquatiques se rapprochant des joncs. Cette partie de la plaine n'est pas cultivée. A droite, les cultures sont en pleine activité, excepté sur une bande de 50 mètres environ qui longe la route et dont les terrains rappellent ceux du côté gauche de la chaussée.

(371) On commence à voir apparaître, dans la plaine de gauche, quelques talus indiquant la division du terrain en champs distincts. Quelques indigènes labourent ces rizières, dans lesquelles la couche d'eau semble être assez profonde pour rendre le travail fort pénible.

(372) Les cultures se multiplient à gauche. A droite, la bande inculte a complétement disparu. De nombreux champs sont ensemencés; d'autres sont même repiqués déjà depuis un certain temps.

(373) Toute la plaine est cultivée à droite et à gauche de la route. Les labours sont en pleine activité sur la gauche, tandis que sur la droite les champs sont déjà ensemencés.

(374) Les indigènes ont planté sur la droite des quantités assez considérables de sésames et d'arachides.

(375) Passé entre plusieurs champs d'arachides en fleurs. A la station même, la plaine s'étend inculte des deux côtés de la route. L'eau atteint une hauteur de 35 centimètres et l'œil n'aperçoit que des joncs mélangés à du riz sauvage. A gauche, une pagode à 1 kilomètre de nous.

(376) La plaine continue à être inculte et inondée. L'eau atteint 45 centimètres et même 50 centimètres en certains endroits.

(377) On commence à retrouver quelques rizières à droite. A gauche, la plaine est toujours inondée et inculte. Si la voie ferrée se construisait, il serait intéressant pour la contrée que la terre destinée aux remblais fût prise de manière à établir un ou plusieurs fossés de drainage qui permettraient à cette plaine de donner un écoulement à l'eau qui la noie. Il y a là une grande quantité de terrains qui ne demandent que cet assèchement pour produire d'abondantes récoltes.

(378) Près de la station, un sentier se détache de la route et conduit à un village d'une cinquantaine de cases qui se trouve à 400 mètres à gauche. Ce sentier est relié à la route par une dalle en pierre non travaillée et qui sert d'aqueduc.

(379) A 300 mètres à gauche, se trouve un gros arbre qui sert d'abri à 3 cases en paillottes.

(380) Nous sommes au bord d'un fossé plein d'eau qui, au dire du đội qui nous accompagne depuis Hải-dương, sert de limite à la province de ce nom. Ce fossé est tracé de manière à présenter une série d'angles qui lui donnent en effet un certain air de travail de fortification. En tous cas, il sert au moins autant à recevoir le trop plein d'eau des champs voisins. A droite à 100 mètres, village de 40 cases et pagode.

(381) Nous sommes sur l'autre bord du fossé. Sa distance d'une rive à l'autre est de 103 mèt. 50 cent. et la profondeur de l'eau n'est que de 80 centimètres. Le talus qui traverse le fossé et qui ne présente aucune solution de continuité, a été refait récemment. Il est certain que l'eau doit l'emporter lors des grandes crues et qu'il y aurait lieu de faire là un pont ou un aqueduc d'environ 20 mètres d'ouverture pour ménager l'écoulement des eaux. Sur le bord de la route, après avoir passé le fossé, nous remarquons une pierre datant de la 3e année du règne de Minh-mạng. A 150 mètres à gauche, se trouve un village dans lequel on remarque une pagode fort délabrée.

(382) Sans observation.

(383) Dépassé un sentier conduisant à une petite pagode située à 200 mètres à gauche de la route et isolée au milieu de la plaine.

(384) Grandes quantités de semis de riz.

(385) Un sentier coupe la route et la relie aux villages de droite et de gauche. Dépassé un autel couvert en tuiles et abrité par de grandes arbres qui se trouvent un peu à gauche de la route. A gauche et par le travers de la station, un grand hangar en ruines dont la toiture a presque entièrement disparu.

(386) Sans observation.

(387) Entrée d'un groupe de cases abrité par de grands arbres et entouré d'une haie dans laquelle sont ménagées deux portes pour laisser passer la route. Vers l'entrée de ce groupe de cases, se trouve une maison en maçonnerie couverte en tuiles qui sert de résidence sans doute à quelque fonctionnaire. Nous avons présumé que c'était peut-être là un poste de douanes intérieures, mais nous n'avons pu avoir aucun renseignement à ce sujet. Les indigènes donnent à cet ensemble le nom de Ghạt-kéo 揠驕 Les cases comprises dans l'enceinte de la haie sont au nombre d'une trentaine.

(388) Nous sommes vers la fin de ce groupe d'habitations.

(389) Sans observation.

(390) *Idem.*

(391) A 150 mètres à gauche, quatre gros arbres de formes tellement nettes qu'on les dirait taillés de mains d'homme. L'un, au centre, forme une pointe aiguë, tandis que ses deux voisins représentent d'énormes boules. Le quatrième arbre, qui est le plus à l'ouest, a ses branches éparses et semble étranger au groupe. La distance entre ces arbres paraît calculée pour bien les rendre symétriques.

(392) Sans observation.

(393) *Idem.*

(394) *Idem.*

(395) Entrée du village servant de résidence au phú. A droite, la route qui conduit à Bắc-ninh est relevée par 338 grades. Le phủ vient cérémonieusement au-devant de nous et insiste pour que nous acceptions son hospitalité, ce que nous faisons.

(396) Dans le village, près du chemin qui conduit chez le phú. Ce chemin est relevé par 247 grades.

(397) Extrémité du marché. Notre étape est finie et a été de 10,814 mèt. 50 cent. Le podomètre marque 14,500 pas et nous en avons compté 16,092

entre les stations. Le village où nous sommes est celui de Kim-quan 金開. Depuis notre départ d'Hải-dương, nous avons constaté qu'il n'existe plus dans les villages qu'un fort petit nombre d'aréquiers ; ainsi, dans le village de Kim-quan, nous en comptons trois, dont un dans le jardin du phủ et les deux autres dans la cour d'une pagode. Les bananiers sont de petite taille et malingres; les bananes vues sur le marché, aussi bien que celles que nous offre le phủ, sont d'une espèce très grosse, mais leur chair manque de finesse et de saveur. En revanche, les ananas et les litchis sauvages se multiplient et on en trouve en abondance sur les plus petits marchés. Un ananas se vend 15 sapèques, tandis qu'un bouquet de bananes en comprenant six se vend 1 tiền et demi; un poulet coûte 5 tiền et demi, une douzaine d'œufs 6 tiền, une noix de coco 4 tiền; enfin, le đội achète six chiques de bétel avec les morceaux d'arec pour 2 tiền. La maison d'habitation du phủ est sur la droite, à environ 200 pas de la route. Elle est très propre, et le phủ ayant mis à notre disposition sa salle d'audience, nous pouvons nous y installer très confortablement. Sur l'un des murs se trouve un tableau qui contient la liste des cantons dont se compose le phủ et les noms des tổngs chargés de les administrer. Ils sont au nombre de 46. Kim-quan compte environ 100 cases.

(398) Le jeudi 13 juillet, à 6 heures du matin, nous nous remettons en route. Le phủ vient avec nous jusqu'à l'extrémité du village et nous interroge à diverses reprises sur la nature de nos opérations et notre manière de procéder. La haie de bambous qui suit la route depuis l'entrée du village continue. A droite, à 50 mètres, une pagode en mauvais état.

(399) Au bord d'un arroyo, il existe des traces d'un ancien pont en dallage qui a disparu et est remplacé par une passerelle entièrement construite en bambous. Ce pont est nommé Cầu-rẳng 求浪.

(400) De l'autre côté de cet arroyo sa largeur est de 28 mèt. 50 cent. et sa profondeur de 1 mèt. 50 cent. Le courant y est d'une force assez grande. A notre gauche, se trouve une pêcherie qui barre presque entièrement le cours de l'arroyo.

(401) A gauche, groupe de 5 à 6 cases et haie de bambous nous séparant d'un village contenant environ une soixantaine de cases.

(402) Nouveau groupe de 8 à 10 cases. La haie de bambous qui nous sépare du village continue. A droite, à 100 mètres de nous et par le travers de la station, se trouve une pagode d'une importance moyenne dans un village.

(403) Fin du village et de la haie de bambous. Nombreux semis de riz.

(404) Champs de ricins.

(405) A gauche, une mare de 1 mèt. 50 cent. de profondeur plantée de nénuphars. Entre Hải-phòng et Hải-dương, nous n'avons pour ainsi dire trouvé de plantations de nénuphars que dans les bassins, mares ou réservoirs

qui entouraient les pagodes. Depuis Hải-dương, les champs eux-mêmes sont souvent consacrés à cette culture, que nous verrons se multiplier encore d'ici quelques kilomètres. En voyant cette abondante culture, nous avions pensé que les Tonkinois, comme les Chinois, mangeaient certaines parties de cette plante, notamment les racines et les graines; mais les indigènes que nous avons interrogés à ce sujet ont paru fort étonnés de nos questions et n'ont pas eu l'air de comprendre qu'on pût employer le nénuphar à autre chose qu'à la décoration des autels et des pagodes. Ils emploient aussi la fleur pour la décoration de leurs autels domestiques. L'exportation des nénuphars est assez importante. Elle figure pour un chiffre élevé dans les tableaux du mouvement commercial.

(406) Traversé un petit village de 35 à 40 cases du nom de Dinh-quoái 亭掛. De grands arbres abritent les habitations. A gauche, une mare de 2 mètres de profondeur et de 25 mètres de côté est absolument couverte de nénuphars. Devant nous, une pagode barre la route; nous sommes obligés de la contourner.

(407) A l'angle de la pagode, devant la façade principale. Dans la cour, nous voyons quelques arbres et notamment trois aréquiers, un énorme pied de buis et quelques sapins. Ces derniers arbres vont devenir assez abondants d'ici la fin du voyage, mais ce sont les premiers que nous rencontrons. Dans le terrain voisin de la pagode, cinq ou six bananiers malingres et chétifs.

(408) Autre angle de la pagode. De l'autre côté de la pagode se trouve un petit marché d'une dizaine de cases.

(409) Fin de la pagode. Sur la route, un hạ-mã de dimensions plus grandes que ceux que nous avons vus jusque-là. Immédiatement après la station, on passe sur un aqueduc dallé.

(410) A côté de la station se trouve une borne en pierre sculptée représentant en relief un Boudha assis. Nous le remarquons d'autant plus que, jusqu'à présent, nous n'avons encore rencontré qu'un seul autel qui contînt des idoles personnifiant la divinité. Aucune inscription visible n'indique ni la date ni la destination de cette pierre. Champs de cannes à sucre.

(411) A gauche, nombreux champs d'arachides en fleurs. A droite, passé près d'un gros arbre.

(412) Arachides et ricins en grande quantité. A 200 mètres à droite, une pagode au centre d'un village. A gauche, les villages sont très éloignés. Nous sommes pris par la pluie.

(413) A droite à 300 mètres, une pagode dans un village.

(414) Sans observation.

(415) Rizières et champs de ricins de divers côtés. Les travaux des champs : labours, hersages, semis et repiquage, semblent terminés dans cette partie du pays.

(416) La route fait un coude pour éviter une mare de plus de 50 mètres de côté et profonde d'environ 2 mètres. A droite, une case isolée sur le bord de la route. A gauche, à 50 mètres de la route, un gros arbre. A 5 mètres de la station précédente, passé un aqueduc dallé.

(417) Rizières de tous les côtés.

(418) A 700 mètres à gauche, grand village avec belle pagode. A 500 mètres à droite, autre pagode au centre d'un village de 100 cases environ. Les champs n'ont plus cette uniformité d'avancement dans la culture dont nous parlions tout à l'heure. Ici, au contraire, on aperçoit à la fois des rizières qui n'ont pas été retournées et d'autres qui sont aux divers degrés de culture jusqu'au repiquage inclusivement.

(419) Nous passons devant une rizière dont les plants ont au moins 35 centimètres de haut.

(420) Sans observation.

(421) A 800 mètres à droite, on aperçoit le talus d'une chaussée sur le bord de laquelle se trouve une maison de repos couverte en tuiles.

(422) A 50 mètres à droite, une masse de bambous ne laisse apercevoir que quelques toitures d'un grand village de plus de 200 cases.

(423) Sans observation.

(424) Autrefois, la route se continuait en ligne droite et passait sur un aqueduc dallé dont on voit les ruines sur la gauche de la chaussée nouvelle. Cette route neuve a été faite récemment ; elle commence à la 423e station et finit à la 425e, et fait un crochet pour revenir se confondre avec l'ancienne chaussée. Il serait intéressant de savoir pour quelle raison les indigènes ne rétablissent jamais une route ou une digue détruite en la reconstruisant sur le même emplacement. Partout, sur les bords du Song-ca, le long du canal de Bắc-ninh, près des divers cours d'eau que nous avons parcourus, lorsqu'une digue a été emportée par l'inondation, celle qui la remplace, au lieu d'être faite au même endroit et de prolonger les deux anciennes fractions conservées de l'ancienne digue, est établie plus ou moins en arrière, quelquefois à plusieurs centaines de mètres, et se relie par un ou deux crochets à l'ancienne digue, en laissant toujours une certaine longueur de cette ancienne digue conservée entre le point de rupture et le point de jonction. Nous avons eu souvent des exemples de ce mode de faire sur la route que nous avons parcourue, et le plus saillant est celui que nous avons signalé à la 148e station. Là, la déviation s'était faite sur une longueur de plusieurs kilomètres. Évidemment, ce mode de procéder, qui a pour effet d'abandonner aux inondations une certaine quantité de terrain perdu pour la culture et de faire

doubler souvent l'importance des terrassements à effectuer, a une cause qu'il serait intéressant de rechercher et qui doit se rattacher à quelque idée superstitieuse.

(425) La route reprend sa direction sensiblement droite. Passé devant un grand tù-văn en ruines sur la droite de la route, à 50 mètres environ. A 400 mètres à droite, un gros arbre remarquable. Depuis la 423e station, le sol est composé d'argile ferrugineuse d'une teinte rouge assez foncée.

(426) A gauche, à 100 mètres, un tù-văn ombragé d'un groupe d'arbres. A 25 mètres également à gauche, un tertre en terre sur lequel huit Annamites sont occupés à procéder à une exhumation de squelette afin de recueillir les ossements dans un de ces cercueils en terre cuite appelés des tiểu-sành, dont nous avons parlé à propos des objets mis en vente au marché de Mạng-nhồ (station nº 279). Le cercueil en terre cuite qu'ont ces indigènes n'est pas assez large pour recevoir le crâne, et notre interprète nous déclare que dans ce cas on ne recule pas devant la nécessité de disjoindre les os qui forment cette boîte osseuse pour le faire entrer. Le terrain est moins ferrugineux que précédemment.

(427) Par le travers d'un pont en dallage de 8 travées, sur lequel passe la route de Bắc-ninh. L'arroyo sur lequel ce pont est établi a 12 mètres de large et 85 centimètres de profondeur d'eau. Près du point visé se trouve une borne tombée placée à l'angle de la route de Bắc-ninh et de celle que nous suivons. Une inscription à moitié effacée indique que cette borne date de la 7e année du règne de Minh-mạng. A droite, village et pagodes à 500 mètres de la route.

(428) Sans observation.

(429) Station placée près d'un groupe de gros arbres abritant un tertre en terre de 4 mètres de hauteur, au sommet duquel se trouve un vaste tù-văn précédé d'un hangar couvert en tuiles. Au pied du tertre se trouve un éléphant en pierre de grandeur naturelle, représenté agenouillé et la trompe ramenée entre les jambes. Devant le tù-văn nous voyons divers arbres et arbustes, parmi lesquels nous remarquons un frangipanier et un manguier. Ce dernier est très jeune et ne paraît pas avoir plus de trois ans.

(430) De l'autre côté du tù-văn, nous sommes dans un petit marché où l'on vend presque exclusivement des offrandes pour les fidèles qui se rendent en pèlerinage au sanctuaire voisin. Il y a surtout de ces figurines en vannerie recouverte de papier dont nous avons déjà donné la description. — Il y a 15 cases environ.

(431) A 250 mètres à droite, une pagode dans un village. Les traces d'oxyde de fer, que nous avions observées précédemment dans l'argile, ont disparu et le sol des champs qui nous environne se compose d'argile légèrement sablonneuse.

(432) Sans observation.

(433) Sans observation.

(434) A droite, une haie de bambous. Également à droite, un puits circulaire revêtu intérieurement de briques. Son diamètre est de 1 mèt. 30 cent.; l'eau est à 1 mètre, elle paraît très limpide.

(435) Dépassé le village dont nous avons annoncé la clôture en bambous. Dans le village, une ancienne maison de repos couverte en tuiles tombe en ruines. Le village peut avoir environ 30 cases. A 250 mètres à droite, un tù-văn sous un gros arbre.

(436) Sans observation.

(437) *Idem.*

(438) A 300 mètres à droite, un gros arbre abrite deux cases dont une couverte en tuiles. Dépassé une grande pagode située dans l'intérieur d'un village de plus de 150 cases à 500 mètres à droite.

(439) Sans observation.

(440) Dépassé un chemin de 2 mètres de large qui coupe la route et la relie à deux grands villages dont l'un est à 800 mètres à droite et l'autre à 1,500 mètres à gauche. Chacun de ces villages paraît compter plus de 200 cases. On y remarque plusieurs constructions importantes en maçonnerie et des pagodes. A 600 mètres sur la gauche, un grand tù-văn.

(441) Sans observation.

(442) *Idem.*

(443) *Idem.*

(444) A droite de la station, se trouve une case en maçonnerie contenant un autel avec trois statues de pierre enluminées de couleurs éclatantes et de dorures. Nombreuses offrandes en papier sur l'autel (chevaux, souliers, vêtements, images humaines des deux sexes, jeux de cartes, allumettes, etc., etc.)

(445) La chaussée a été coupée en cet endroit et les indigènes ont comblé la coupure en faisant un petit talus de 40 centimètres de large qui atteint à peine le niveau des rizières voisines. On peut prévoir un aqueduc à cet endroit.

(446) La chaussée a repris son apparence ordinaire. Passé un aqueduc couvert en bambous. L'eau des rizières le traverse pour se jeter dans un fossé d'environ 3 mètres de profondeur qui se trouve à quelques mètres sur la droite de la route.

(447) Les champs voisins de la route, à gauche, sont couverts d'une couche d'eau dont la profondeur varie entre 50 centimètres et 80 centimètres. Cependant, à travers l'eau on peut voir des traces incontestables d'une culture régulière qui doit avoir lieu lorsqu'on a fait s'écouler la partie inutile de cette eau.

(448) Même observation. A 150 mètres sur la gauche, village d'une trentaine de cases et pagode.

(449) Un chemin se détache de la route, à gauche, et conduit au marché voisin. Les bords de la route sont occupés par une dizaine de cases qui empêchent de placer la mire sur la chaussée. Nous sommes obligés de la placer sur le chemin de gauche, à 4 mètres de l'axe de la route.

(450) Passé un petit arroyo, large de 3 mètres et contenant 50 centimètres d'eau; il est franchi par un pont en dallage de trois travées nommé Cầu-dất 求垣 Nous entrons dans un petit village d'une trentaine de cases.

(451) La route est au niveau du sol environnant. Fin du village. Près de la station, se trouve un puits circulaire avec revêtement en briques. L'eau se trouve à 2 mètres de profondeur. On la puise avec un seau en écorce de bambous tressée et goudronnée. Le goût de cette eau est légèrement âcre, ce qui la rend désagréable à boire. Sur la gauche, à 40 mètres, un arroyo.

(452) Sans observation.

(453) La chaussée continue à se diriger en ligne droite dans le prolongement du chemin que nous venons de parcourir; mais nous sommes obligés de l'abandonner, l'ancien pont en dallage qui servait à franchir l'arroyo n'existant plus et la chaussée elle-même ayant été détruite sur une certaine longueur. Nous allons donc à travers champs sur des talus de rizières.

(454) Cette visée est prise sur l'autre rive de l'arroyo que nous avons déjà signalé. Nous traversons cet arroyo sur une digue en terre soutenue par des clayonnages en bambous, au milieu de laquelle une ouverture de 1 mèt. 50 cent. est ménagée pour l'écoulement des eaux. Ce pont s'appelle le Cầu-gia. 求加 L'arroyo a 15 mètres de large et l'eau, retenue par la digue, a une profondeur de 50 centimètres en aval et de 1 mètre en amont.

(455) Nous continuons à marcher sur des talus de rizières pour aller rejoindre une chaussée qui se trouve à gauche, le long d'une haie qui entoure un village.

(456) Nous sommes sur la chaussée dont il vient d'être question. La station se trouve près d'une pagode dépendant du village qui borde la chaussée à gauche. Ce village compte environ 120 cases. Passé sur un aqueduc voûté en briques.

(457) Le village se termine vers le milieu de la distance de la station précédente à celle-ci. A gauche, à 50 mètres plus loin que la station, se trouve un palmier à sucre isolé sur un petit tertre. C'est le seul que nous ayions aperçu dans tout notre voyage. La pluie tombe avec abondance.

(458) Nous quittons la chaussée et reprenons notre marche sur les talus de rizières afin d'aller retrouver la route.

(459) Nous nous retrouvons sur la route. L'arroyo, dont nous avons parlé à la station 451, coule à 50 mètres sur notre droite. On aperçoit les ruines de l'ancien pont en dallage qui servait à le traverser; on voit aussi l'extrémité de la chaussée qui y conduisait. La distance entre le point où nous avons quitté la route et celui où nous la reprenons est d'environ 700 mètres, sur lesquels 250 au moins sont occupés par la route, dont l'état d'entretien et de conservation est analogue à celui de la partie sur laquelle nous marchons. Le coude que nous avons fait pour contourner cette coupure a allongé le trajet d'environ 350 mètres. La chaussée est en bon état.

(460) L'arroyo coule à 80 mètres à droite de la route.

(461) Sans observation.

(462) A 100 mètres à droite, bouquet d'arbres. A 1,000 mètres à gauche, pagode ombragée de gros arbres en avant d'un village de 100 cases environ.

(463) La chaussée a été refaite récemment. Passé sur un aqueduc dallé. Il semble que l'écoulement de l'eau ne se faisait pas assez rapidement, car les riverains ont pratiqué dans la route une coupure qu'une vingtaine d'ouvriers sont occupés à boucher.

(464) Au bord de la route à gauche, une case en paillotte abritée par un gros arbre.

(465) A 100 mètres à droite, une pagode au milieu d'un village de moyenne importance pouvant compter une quarantaine de cases.

(466) A droite, un grand village nommé Ngo-long 㑽𥘷 avec une pagode à 150 mètres de la route. Ce village est composé d'environ 120 cases.

(467) Sans observation.

(468) L'arroyo de la station 451 redevient visible sur notre droite, à 75 mètres environ de la chaussée. Il nous sépare des villages voisins.

(469) Nous sommes dans l'axe d'une chaussée qui conduit d'abord à un pont et ensuite au village de Giang-láng, établi sur l'arroyo. Cette chaussée a 2 mètres de large et 45 mètres de long entre la route et le pont. L'arroyo a 15 mèt. 30 cent. de large et 90 centimètres d'eau. Le pont est en bois, mais au milieu une partie a disparu et est remplacée par une passerelle en bambous. Immédiatement devant l'extrémité du pont, se trouve une porte en maçonnerie qui a dû appartenir autrefois au système des fortfications de ce grand village, fortifications dont on voit encore de nombreuses traces. C'est ainsi, par exemple, que le cours de la rivière est bordé par un mur en terre d'une certaine hauteur, sur la partie inférieure duquel on voit encore de place en place des restes d'un revêtement en briques. Dans l'intérieur du village, on voit des traces de fossés et de murs d'enceinte. La rue qui mène au marché, entre autres, vient aboutir à l'est à une porte qui, évidemment, dépendait autrefois de la seconde enceinte. Nous aurions été fort désireux de

visiter entièrement ce village et même d'en faire un levé rapide, car il semble un des plus importants de ceux que nous avons traversés jusqu'à présent; mais la manière peu encourageante dont nous y fûmes reçus nous en empêchait. A en juger par l'extérieur et par l'enceinte de haies de bambous qui l'entoure comme tous les autres villages, c'est plutôt une petite ville qu'autre chose; on y voit des rues s'entrecroiser et se prolonger à de grandes distances. La pluie, qui continuait à tomber, ne nous aurait pas fait reculer devant la visite complète de Giang-láng, mais, il faut bien le reconnaître, c'est le seul point de la route entre Hải-phòng et Hà-nội où les autorités locales se soient montrées, sinon hostiles, au moins peu disposées à nous être agréables et où nous ayons eu besoin de recourir aux ordres écrits des autorités annamites supérieures pour obtenir ce que nous désirions. C'est ainsi que notre escorte avait été entassée dans une simple case en paillottes, où on avait préparé aussi notre campement, le maire du village ayant, paraît-il, refusé de mettre à notre disposition une des nombreuses pagodes que nous avions vues sur notre chemin. Le même maire refusa de nous faire donner de l'eau douce, à moins que nous ne la payions d'avance 2 tiền la jarre d'environ dix litres. Ces petites vexations nous parurent d'autant moins supportables que, partout ailleurs, on s'était empressé de satisfaire tous nos désirs, et nous prîmes le parti de les faire cesser. Nous chargeâmes tout d'abord le chef de l'escorte de déclarer au maire du village qu'étant autorisés par le tổng-đốc d'Hải-dương à loger dans les pagodes qui se trouvaient sur notre chemin, nous nous passerions de sa permission s'il nous la refusait et que nous irions, bon gré malgré, nous loger dans une pagode qui était ouverte lors de notre passage au travers du village et qui ne semblait pas momentanément occupée par les cérémonies du culte; qu'en outre, en vertu de l'autorisation de réquisitionner ce dont nous avions besoin que nous tenions du même mandarin, nous exigerions, sauf à payer plus tard, tout ce qui nous était nécessaire. En même temps, nous envoyâmes les miliciens et les coolies de l'escorte nettoyer la pagode en question et la mettre en état de nous recevoir. Cette attitude en imposa immédiatement au maire du village, qui s'empressa de venir avec les notables s'excuser sur un soit disant malentendu et se mettre à notre entière disposition. Nous n'avons pas besoin d'ajouter que nous avons payé, et même très largement, tout ce qui nous fut fourni dans ce village, comme nous l'avons d'ailleurs fait pendant tout notre voyage. Le maire de Giang-láng nous fit d'ailleurs remarquer que son village n'était pas soumis à l'autorité du tổng-đốc d'Hải-dương et que c'était par simple déférence qu'il consentait à faire ce que nous demandions. Malgré cette soumission immédiate des autorités locales, nous avons cru sage de ne pas exciter leur susceptibilité en nous montrant trop curieux et nous nous sommes bornés à consigner dans nos notes ce que le hasard nous a fait voir en passant. — Cependant, nous avons pu constater que le village de Giang-láng s'étendait parallèlement à l'arroyo sur une longueur de plus de 400 mètres; quant à sa profondeur, nous pouvons l'apprécier en prenant pour base ce fait que la case où l'on nous avait d'abord conduits n'est pas à l'extrémité du village opposé à l'arroyo, et cependant elle se trouve à 873 pas de la porte voisine du fleuve, ce qui, en calculant les pas à 66 centimètres l'un, ce qui est à peu près la moyenne du rapport de nos mesures en pas avec nos mesures en mètres, met la case en question à 575 mètres du bord de l'eau.

Pour nous y rendre, après avoir traversé la rivière et être passés sous la porte, nous avons suivi une large voie de 25 mètres de large et longue de 190 mètres, qui conduit à une pagode monumentale. Après avoir regardé l'extérieur de cette pagode qui était hermétiquement close, nous avons quitté l'avenue, nous avons tourné sur notre gauche par la rue qui conduit au marché principal. Cette rue se prolonge de l'autre côté de l'avenue; mais, pour pénétrer dans la partie de Giang-lâng qu'elle traverse, il faut passer par une porte dont les battants sont fermés ou par une poterne voisine qui semblent conduire, comme nous l'avons dit, dans l'intérieur d'une enceinte fortifiée. Le marché, composé de cases en paillottes, s'étend des deux côtés de la rue du marché. Nous y remarquons, à l'étal des marchands: de la viande de porc fraîche, des viandes cuites de diverses natures, des poteries, des faïences, des étoffes communes qui semblent de provenance anglaise, et tous les produits déjà signalés sur les autres marchés. Une échoppe de forgeron se trouve vers le centre du marché et huit à dix ouvriers y sont occupés à travailler le fer avec les instruments primitifs dont se servent les indigènes de la Basse-Cochinchine. Après avoir suivi pendant 60 mètres la rue du marché, nous nous trouvons à l'angle d'une nouvelle pagode toute grande ouverte; c'est celle où nous avons fait transporter notre campement après l'incident que nous avons déjà raconté. Là nous tournons à droite, et ce n'est qu'après une marche d'environ 300 mètres en ligne droite, dans laquelle nous laissons de côté plusieurs rues et ruelles transversales et plusieurs pagodes, que nous arrivons à une place servant aussi de marché, à l'un des angles de laquelle se trouve une petite ruelle conduisant à la case où l'on voulait nous faire loger. D'après ces dimensions et celles que nous avons pu mesurer à l'œil le lendemain, lorsqu'après un coude de la route nous avons vu Giang-lâng sur son autre face, nous croyons qu'en fixant à 1,500 cases le nombre des habitations de cette agglomération, nous sommes et de beaucoup au-dessous de la vérité. L'étape que nous avons faite a été de 12,185 mètres; le podomètre marque 17,100 pas, et nous en avons compté 18,136 entre les diverses stations. Nous avons été obligés de renouveler à Gian-lâng notre provision de sapèques au change de 6 ligatures 2 tiền par piastre. Pendant toute la journée, la pluie n'a pas cessé de tomber tantôt en grandes averses, tantôt en petites ondées. Est-ce à cette pluie que nous devons l'invasion de mouches de toutes sortes que nous avons dû subir? Nous l'ignorons; mais il est certain que jamais, ni à Alexandrie ni dans les villes de Syrie, cependant célèbres par la quantité de ces insectes qui importunent les voyageurs, nous n'avons été plus tourmentés par eux qu'à Giang-lâng.

(470) Le vendredi 14 juillet, nous reprenons notre route à 6 heures du matin après avoir congédié les miliciens et le đội d'Hải-dương, qui nous avaient fait observer que leur mission était terminée, puisqu'ils nous avaient conduits jusqu'au-delà de la frontière de la province à laquelle ils appartenaient. La route fait un angle pour aller traverser le même arroyo qu'à la station 451.

Un sentier, qui paraît très fréquenté, prolonge la chaussée dans la direction de cette visée.

(471) Au bord de l'arroyo.

(472) De l'autre côté de l'arroyo. Un pont en dallage a relié autrefois les deux bords de ce cours d'eau; mais, soit qu'une partie du pont se soit écroulée, soit, ce qui est plus vraisemblable, qu'on ait laissé l'eau ronger et ruiner les rives de l'arroyo, aujourd'hui on ne trouve plus que 5 travées de dallage au milieu de la rivière, et, pour les atteindre, il faut passer sur deux passerelles en bambous qui les relient aux deux rives. La largeur totale de l'arroyo est de 37 mèt. 75 cent.; la profondeur de l'eau est de 90 centimètres, et les travées restant du pont en dallage sont à 2 mèt. 50 cent. en dessus du niveau de l'eau. A partir de ce point, l'arroyo s'éloigne rapidement vers le sud. Ce cours d'eau est, dans presque toute la longueur que nous en avons suivie ou aperçue à distance, flanqué sur sa rive droite d'un assez fort talus dont les terres semblent extraites de son lit. Cela nous fait supposer que ce pourrait bien être là un canal creusé de mains d'hommes, malgré ses quelques sinuosités, dans le but d'assurer l'écoulement de l'eau des rizières et de faire une sorte de canal de dessèchement dont l'utilité semble indiquée par ce fait que le sol, dans cette partie du pays, semble former une cuvette où l'eau des pluies se concentre. Même dans cette saison où les pluies ont été peu abondantes, nous avons déjà eu à signaler et nous signalerons encore des endroits où la quantité d'eau qui se trouve dans les rizières est relativement considérable. Nous ne présentons d'ailleurs ce que nous venons de dire que comme une hypothèse qui aurait besoin d'être vérifiée.

(473) Sans observation.

(474) *Idem.*

(475) *Idem.*

(476) *Idem.*

(477) Passé au moyen d'un pont de bambous de 16 mètres de large sur un fossé creusé de mains d'hommes et servant à l'écoulement de l'eau des rizières. L'eau y mesure 25 centimètres de profondeur.

(478) Passé un aqueduc dallé.

(479) Une case isolée sur le bord de la route. Une chaussée de 1 mèt. 50 cent. de large coupe la route et la relie aux villages voisins. Le village de droite est à 350 mètres environ; on y remarque plusieurs pagodes; il contient environ 70 cases. A gauche, le chemin passe à peu de distance de la route sur un aqueduc voûté en briques de 50 centimètres d'ouverture.

(480) Au bord d'un aqueduc dallé.

(481) L'eau des rizières traverse la route et y forme une couche de 5 centimètres.

(482) L'eau des rizières traverse la route et y forme une couche de 5 centimètres.

(483) La route n'est plus couverte par l'eau des rizières.

(484) Passé un aqueduc voûté en briques de 50 centimètres d'ouverture sous lequel l'eau a 50 centimètres de profondeur.

(485) Près de la station précédente, une chaussée large de 2 mètres coupe la route presqu'à angle droit. C'est, nous dit-on, la route directe de Bắc-ninh à Hưng-yên. Passé une grosse dalle formant aqueduc.

(486) Sans observation.

(487) *Idem.*

(488) La route fait un crochet à l'angle duquel se trouve une case abritée par deux gros arbres. A 100 mètres à gauche, pagode et village d'une cinquantaine de cases.

(489) Le village est fini et la station se trouve au bord d'un aqueduc voûté en briques de 1 mètre d'ouverture. A 100 mètres à droite, petite pagode au commencement d'un village.

(490) Passé à droite un village de 80 cases comprenant une grande pagode. C'est de ce même village que dépend la pagode indiquée à la station précédente. A 200 mètres à gauche, pagode isolée sous de grands arbres.

(491) A 300 mètres à gauche, un tú-văn.

(492) Sans observation.

(493) Groupe de cases abritées par de gros arbres. Sans doute, sous l'influence de la pluie de la veille, M. Viénot est pris d'un violent accès de fièvre et de douleurs nerveuses qui l'empêchent de continuer l'étape commencée. Nous nous arrêtons donc dans une pagode voisine du groupe de cases dont il vient d'être parlé. Pour cette cause, l'étape du 14 juillet n'a été que de 4,491 mèt. 75 cent. et de 6,750 pas; le podomètre en accuse 6,300. Nous sommes au village de Ngãi-dương 艾陽 La pagode dans laquelle nous sommes logés vient d'être redorée à neuf après application sur les piliers en bois et sur les décorations de l'autel d'une couche épaisse de laque rouge. Nous ne pouvons nous empêcher d'admirer le soin avec lequel ce travail a été fait et le magnifique ponçage qu'ont reçu les dorures. Dans cette éclatante nouveauté, les ors sont tellement brillants qu'ils en sont criards et fatigants pour la vue; mais on sent que dans peu de temps ces tons trop vifs s'apaiseront et donneront un ensemble plus harmonieux à l'œil. Dans la pagode, malgré les soins dont elle est entourée et dont cette dorure neuve est une preuve, nous ne trouvons aucune statue. De même que la plupart de celles que nous avons habitées, la pagode de Ngãi-dương contient un autel finement scuplté et sur

lequel se trouve au centre un vase en terre cuite, genre grès, fabriqué sans doute à Bắc-ninh, assez joli de formes comme d'ornementation; c'est dans ce vase que brûlent les allumettes parfumées offertes par les fidèles. Il n'est pas inutile de faire remarquer en passant que ces allumettes sont fabriquées dans le pays et ont une toute autre apparence et surtout une toute autre odeur que celles de provenance chinoise qui sont en usage dans la Basse-Cochinchine. A Hà-nội et à Nam-định, nous avons vu des rues entières occupées par les fabricants de ces allumettes. A droite et à gauche de l'autel, se trouvent des vases en étain où l'on met des fleurs artificielles et des offrandes diverses; enfin, derrière le vase en grès où brûlent les allumettes odorantes, on a placé un grand vase rempli de fleurs de nénuphars naturelles et renouvelées de manière à rester constamment fraîches. Dans le reste du temple, on ne trouve en général, et spécialement à Ngải-dương, comme objets affectés au culte que les bannières, les devises peintes ou sculptées, les dais, parasols, armes en bois et autres objets en usage dans les processions. Dans la cour de la pagode, nous remarquons plusieurs rosiers de différentes espèces, des grenadiers en fleurs et une plante de la famille des cucurbitacées qui semble être poussée là d'elle-même et dont les fruits qui, malheureusement, ne sont pas encore mûrs, ont toutes les apparences extérieures du melon cantaloup d'Europe. Ngaỉ-dựơng a environ 60 cases.

(494) A 6 heures du matin, nous nous remettons en route comme d'habitude, le samedi 15 juillet. Nous longeons de nombreux champs de nénuphars. Passé devant un petit autel à droite.

(495) A 25 mètres à droite, une pagode en très mauvais état.

(496) Au bord d'un aqueduc dallé.

(497) Sans observation.

(498) A gauche, bordant la route, un village de 60 cases environ, entouré d'une haie de bambous et de jasmins. Nous remarquons que dans cette partie du pays on emploie une charrue d'un autre type que celles que nous avons décrites précédemment. Comme les précédentes, les charrues que nous trouvons maintenant sont faites en bois dur avec une simple armature en fer; mais la partie qui fouille le sol n'a pas plus de 50 centimètres de long et, au lieu de se terminer en pointe, elle se termine par une lame de 15 centimètres de large recourbée vers le sol et qui, par suite, doit entrer à une certaine profondeur dans les terrains qu'elle remue. Comme les autres, cette charrue est traînée tantôt par un buffle tantôt par un bœuf; l'attelage est fait avec des cordes en ortie de Chine attachées à un joug semi-circulaire posé sur le cou de l'animal.

(499) Passé à gauche un tú-văn à trois étages entouré de murs. A droite et à gauche, des mares pleines de nénuphars. Dans le lointain, des rizières dont la culture est généralement avancée.

(500) Au bord de la route à droite, un groupe de 5 à 6 cases et une petite pagode abritée par un gros arbre. A gauche, une mare de 1 mèt. 50 cent. de profondeur et de 15 mètres de côté.

(501) Le long de la route à gauche, une haie entourant un village de 70 cases environ. Un peu avant d'entrer dans ce village, nous sommes passés devant un tú-văn situé à 20 mètres de la route.

(502) Sans observation.

(503) Champs de cannes à sucre à 50 mètres sur la gauche.

(504) Case isolée à droite. A 100 mètres à gauche, une pagode dans un petit village d'une quarantaine de cases. Champs de nénuphars et nombreux semis de riz.

(505) A 800 mètres à gauche, pagode avec village. A 600 mètres à droite, autre pagode.

(506) Passé sur une grosse dalle en pierre servant d'aqueduc. Dépassé à droite un petit tú-văn.

(507) Sans observation.

(508) *Idem.*

(509) Sous un gros arbre. A 100 mètres à gauche, village d'une cinquantaine de cases. Autre village à 150 mètres à droite. Passé devant un champ d'un demi-hectare où pousse une plante ressemblant au plantain que l'on donne en France aux petits oiseaux. Les Annamites appellent cette plante nã đê 馬蹄 ils la mangent, mais la considèrent plutôt comme une plante médicinale chinoise.

(510) Sans observation.

(511) A 300 mètres à gauche, un gros arbre. Autour de nous, terres fraîchement labourées.

(512) A 150 mètres à droite, se trouvent une grande pagode et un village d'environ 120 cases.

(513) A droite, au bord de la route, une case isolée. A gauche, grand village de 100 à 120 cases bordant la route dont il est séparé par une haie en bambous et jasmins. A la station, une porte en maçonnerie établie dans la haie donne accès au village, dans lequel on aperçoit plusieurs pagodes et d'autres édifices publics couverts en tuiles.

(514) Nous continuons à longer la haie qui entoure le village.

(515) Nous sommes auprès d'un pont en maçonnerie dont l'arche centrale est rompue et remplacée par une passerelle en planches. Ce pont est jeté

sur le Câu-giâu 求油 dont la largeur est de 41 mèt. 50 cent. et la profondeur d'eau de 30 centimètres. Ce pont est formé par deux massifs de maçonnerie massive dans lesquels sont ménagées deux voûtes en plein cintre de 2 mètres d'ouverture, une de chaque côté de la voûte centrale. Le massif se continue sur une longueur de 2 mètres vers le centre de l'arroyo, où était ménagée une baie centrale, probablement voûtée et en briques comme le reste du pont, et ayant 3 mètres d'ouverture. Le pont a une largeur de 5 mètres et 2 mèt. 50 cent. au-dessus du sol qui forme le fond de la rivière.

(516) De l'autre côté du pont, nous entrons dans le village de Binh-lương 平良

(517) Marché de Binh-lương établi sous cinq hangars en paillottes. Le village paraît considérable et doit contenir environ 300 cases. Il semble être un centre important de commerce.

(518) Fin du village.

(519) Village et pagodes à droite à 150 et 200 mètres.

(520) Sans observation.

(521) Au loin sur la gauche, on remarque une case toute neuve en maçonnerie, isolée au milieu de la plaine. A mi-chemin de la station précédente, passé sur une grosse dalle de calcaire servant d'aqueduc.

(522) Sans observation.

(523) *Idem.*

(524) *Idem.*

(525) *Idem.*

(526) Groupe d'une quinzaine de cases.

(527) Nous allons passer sous une porte en maçonnerie de briques qui marque l'entrée d'un grand village. Depuis la station précédente, passé un aqueduc voûté ayant 50 centimètres d'ouverture. La profondeur de l'eau est de 1 mètre.

(528) Nous avons à notre gauche un portique en maçonnerie et plusieurs colonnes isolées qui se trouvent devant un petit autel consacré au génie protecteur du village. Ces diverses constructions forment un ensemble léger et gracieux qui tranche avec le genre ordinaire des constructions religieuses que nous avons vues jusqu'à présent. La route s'évase en une vaste place en avant de ce monument.

(529) Sans observation.

12

(530) Nous avons à notre droite une petite pagode; sur notre gauche, le village est séparé de la route par une haie.

(531) Toujours le village. La route est bordée des deux côtés par de grandes mares plantées de nénuphars. Dans l'une d'elles, se trouve une variété blanche de cette fleur que nous n'avions pas encore remarquée.

(532) Nous sommes au centre du village et les cases nous entourent de tous côtés.

(533) A droite, une pagode sur le bord de la route. Elle est en mauvais état et semble abandonnée au profit de celle que nous décrirons à la station suivante et dans laquelle nous faisons halte.

(534) A droite, une grande pagode où nous nous arrêtons. La station se trouve dans l'axe de la porte principale. Cette pagode est reliée à la précédente par une enceinte de murs en maçonnerie à claire-voie. De nombreux bâtiments, dont une partie est en mauvais état, se trouvent entre les deux pagodes; la plupart sont des temples abandonnés. La pagode principale où nous nous installons est précédée d'un grand portique abritant un autel devant lequel on remarque un éléphant de grandeur naturelle, agenouillé et la trompe levée vers le ciel, qui est assez finement exécuté. Deux statues à formes humaines, l'une représentant un homme et l'autre une femme, sont agenouillées et tiennent entre leurs mains jointes des parasols qui abritent l'autel. Le siège placé au centre de l'autel est couronné par un dôme formé par les têtes multiples d'un serpent en bois sculpté, laqué et doré.

La partie de la pagode où se trouve le sanctuaire est remarquable par le luxe de ses décorations et de ses peintures, qui ont été remises à neuf récemment. Le sanctuaire est encombré de représentations de monstres et d'animaux fantastiques de toute nature; spécialement devant l'autel principal, se trouvent de gigantesques cigognes et des monstres agenouillés d'un bon effet. Les draperies des parasols destinés aux processions sont artistement brodées en soie et en or; tout indique en résumé que ce temple est fort en vogue auprès des populations voisines, qui font certainement des sacrifices pour lui conserver son luxe et sa fraîcheur. Une inscription que nous trouvons dans le temple porte le date de la 18e année du règne de Minh-mạng.

L'étape que nous avons faite dans notre matinée a été de 6,827 mèt. 50 cent. Le podomètre marque 9,700 pas et le total de ceux comptés entre les stations est de 9,856.

La pagode où nous nous trouvons appartient au village de Khiên-ky. 驍騎
Le nombre approximatif des cases de ce village est de 500. Nous y changeons quelques piastres à raison de 6 ligatures l'une et nous faisons quelques emplètes de provisions aux mêmes prix qu'aux stations précédentes.

M. Viénot est repris des fièvres dans la journée, et quoique le guide et le chef de l'escorte déclarent qu'il ne reste plus que quelques kilomètres à parcourir pour atteindre Hà-nội, il est obligé de renoncer à continuer le voyage, et, le dimanche matin 16 juillet, le maire du village nous ayant procuré un palanquin et des porteurs, M. Viénot quitte l'expédition pour se faire porter au fleuve et de là se rendre en bateau jusqu'à Hà-nội. Les observations suivantes ont donc été faites par M. Schroeder seul; le travail fait précédemment par M. Viénot a été en partie fait par l'interprète.

(535) Le dimanche matin, l'expédition quitte Khiên-ky à 6 heures. Sur la droite, on longe la continuation des murs et haies qui entourent les terrains dépendant de la pagode et de ses sept ou huit annexes. On voit aussi de longs hangars destinés à servir de maisons de refuge, mais plus utilisés à engranger des récoltes, sans doute celles des notables ou de l'impôt, peut-être même celles des công diền communaux. La 535e station, qui est la première de l'étape, se trouve sur le seuil de la porte du village. Comme celle par où nous sommes entrés, cette porte est faite en maçonnerie de briques avec enduit badigeonné; le plein cintre est la forme adoptée pour la voûte de ces portes comme pour celles des ponts. Le village de Khiên-ky s'étend sur une longueur de 772 mèt. 50 cent.

(536) Les rizières s'étendent sur les deux côtés de la route. Un petit autel est édifié sur le bord de la chaussée à droite. Pas de villages en vue.

(537) Rizières à droite et à gauche. Pagode à 12 ou 1,500 mètres de la route à droite. Pas de villages en vue sur les deux côtés de la route.

(538) Les rizières continuent de tous côtés. On embrasse un large horizon entièrement cultivé, mais où aucun village ne vient arrêter la vue.

(539) L'aspect général est le même. Une pagode est visible à 800 mètres sur la gauche.

(540) Vaste plaine couverte de rizières.

(541) *Idem.*

(542) *Idem.*

(543) Nous sommes au bord d'un cours d'eau appelé Hưng-tao-giang 興造江 Sur le bord gauche de la route, se trouve une dalle portant des inscriptions un peu effacées. Nous y trouvons relaté le nom de l'arroyo, mais il nous est impossible de reconnaître la date de la construction du pont.

(544) Cette station se trouve sur l'autre rive de l'arroyo. Elle est réunie à la précédente par un pont en bois en mauvais état. De nombreux vestiges de colonnes et de dalles en calcaire dur indiquent que ce pont avait été édifié solidement d'après le système dont nous avons trouvé tant d'échantillons, et qu'il n'est tombé que par l'incurie des indigènes qui ne consentent à faire

un travail que lorsqu'ils y sont absolument forcés. La hauteur du platelage est de 1 mèt. 70 cent. au-dessus du fond de l'arroyo mesuré au centre. La profondeur de l'eau est de 70 centimètres. La marée ne se fait pas sentir dans cet arroyo, dont l'eau coule continuellement de droite à gauche, c'est-à-dire du Nord vers le Sud.

(545) Nous sommes à l'entrée du village de Đa-tôn 多遜 chef-lieu de canton et résidence du tổng. Sur la droite, une porte en plein cintre, en maçonnerie de briques, donne accès dans le village qui, comme tous ceux de cette région, est entouré d'une haie en bambous mélangés de petits arbres. épineux. Ces haies constituent d'ailleurs une clôture presqu'infranchissable Đa-tôn compte environ 200 cases.

(546) Le village se continue à droite de la route, dont il est séparé par une haie. Sur la gauche, rizières.

(547) Pagode à gauche en façade sur la route. La chaussée est désormais encaissée entre deux haies.

(548) La route se continue au milieu de rizières qui s'étendent à droite et à gauche.

(549) Rizières des deux côtés de la route. La chaussée a été surélevée récemment de 40 centimètres sur 1 mèt. 50 cent. de largeur. Elle est en mauvais état.

(550) Terrains laissés en friche et réservés aux cérémonies du culte; les multipliants y croissent à l'aise des deux côtés de la route.

(551) Entre cette station et la précédente, passé devant la porte d'entrée d'un village de quelques cases. Une haie sépare la route de ce village, qui se trouve sur la gauche. A droite, maisons de refuge couvertes en tuiles et portées sur des colonnes en pierre calcaire.

(552) Porte de sortie du village. A gauche, une pagode borde la route. Mare couverte de nénuphars.

(553) Rizières des deux côtés de la route. A gauche, une petite maison de refuge couverte en tuiles. De ce point, un chemin de 2 mètres de largeur se détache sur la gauche et se dirige sur la grande digue que l'on aperçoit dans le lointain.

(554) Rizières à gauche de la route. A droite, une haie nous sépare d'un village de quelques cases. La route, nouvellement rechargée, est en mauvais état; les mottes de terre sont restées dans l'état où elles ont été extraites des rizières et on n'a pris soin ni de les damer ni de les concasser.

(555) Les rizières continuent à gauche, de même que la haie et le village.

(556) Rizières à gauche. A droite, fin de la haie et des cases.

(557) Rizières des deux côtés.

(558) Rizières des deux côtés de la route. — Nous sommes arrivés au bord d'une partie de terrain inondée d'une couche d'eau de 50 centimètres. La route est à moitié détruite; cependant, on peut la suivre de l'œil et reconnaître qu'elle se dirige vers la digue dont nous avons déjà signalé la présence dans le lointain. Au point où nous sommes, un bac en bois à fond plat, dont l'avant et l'arrière sont carrés, transporte bêtes et gens jusqu'à la digue, en coupant au plus court. Le transport est payé à raison de 1 tiền par voyage du bateau.

(559) Partant de la station précédente, le terrain inondé se prolonge à la profondeur de 50 centimètres sur environ 135 mètres; de ce point jusqu'au lieu de débarquement, les profondeurs varient et atteignent un maximum de 2 mèt. 20 cent. Cette dépression du sol est formée par un large fossé d'où les riverains ont extrait les terres nécessaires à la confection de la digue.

(560) Station placée dans l'axe de la digue. — Cette digue, par ses proportions gigantesques, fait songer à la grande muraille de la Chine et aussi aux murailles analogues des provinces de Bình-thuận et de Bình-định, dans le royaume d'Annam. Elle a 4 mètres en couronne et 10 mètres de hauteur; le talus est incliné de 45 degrés. C'est certainement un effort énorme qu'ont fait les indigènes en s'astreignant à exécuter un talus à cette inclinaison; chacun sait en effet qu'ils cherchent toujours à s'éviter un travail immédiat et compromettent la solidité de leurs travaux en faisant leurs remblais absolument abrupts. Les talus de la digue sont recouverts d'une petite herbe dure dont les racines maintiennent très bien les terres. La digue sert de route pour aller vers le nord à Hà-nội et vers le sud à Hưng-yên.

Le réseau des digues du Tonkin est certainement un fort beau travail dont l'utilité est incontestable dans un pays où les fleuves sont sujets à des crues brusques de plusieurs mètres, qui mettent le niveau de leurs eaux au-dessus de celui des plaines qu'ils traversent. L'inondation serait générale sans les digues, et lorsqu'une d'elles vient à se rompre, les eaux se répandent dans les campagnes, détruisant tout ce qu'elles rencontrent, anéantissant les récoltes, ruinant les villages et faisant périr dans leurs flots les bestiaux et les populations. A la suite d'une de ces inondations, les survivants sont dans une ruine absolue: ni grains, ni outils, ni bestiaux, ni habitation, rien ne leur reste, et de grandes quantités sont condamnés à mourir de faim et de misère. Aussi, presque partout le réseau des digues est-il double et souvent triple, de manière que la rupture de la digue la plus voisine du fleuve n'entraîne pas de trop grands malheurs.

A côté de cette prévoyance qui fait multiplier les travaux de défense contre l'inondation, on est étonné de voir l'incurie qui préside à l'entretien des travaux existants. Nous avons rencontré, en effet, sur tout le long du fleuve

Rouge, de nombreuses digues minées par le courant de 4 nœuds 1/2 à 5 nœuds, qui battait leur base, sans que les indigènes fissent rien pour les réparer ou les consolider. Nous avons même déjà fait remarquer précédemment que, lorsqu'une de ces digues venait à se rompre, les riverains, au lieu de la réparer, en construisaient une nouvelle en arrière, faisant ainsi une beaucoup plus grande quantité de travail qu'il n'en aurait fallu pour réparer la brèche et surtout pour la prévenir.

Les lois sont très sévères contre ceux qui se rendent coupables de rupture de digues et contre les fonctionnaires qui ne veillent pas à leur entretien; mais en cela comme en bien d'autres choses, l'apathie et la négligence des Annamites et des mandarins sont plus fortes que les précautions prises par le législateur. Cependant, nous avons vu souvent, le long du Sông-ca, des corvées nombreuses occupées à construire des digues nouvelles. Des centaines d'ouvriers y travaillaient, se passant de main en main les mottes de terre extraites des champs voisins et employées à la confection des remblais, suivant en cela exactement le mode de travailler des indigènes de la Basse-Cochinchine, lorsqu'ils veulent établir une chaussée ou un remblais quelconque à travers les rizières.

(561) Au bas du talus, on aperçoit les vestiges de la route qui, en pleine saison sèche et avec peu de remblais, doit être accessible aux piétons et leur permettre d'éviter le passage du bac. Le fossé que nous avons traversé en bateau commence déjà à être encombré d'îlots de grandes herbes; nous le verrons d'ailleurs disparaître complétement dans la suite du voyage.

(562) A partir de ce point jusqu'à Hà-nội, les villages se succèdent presque sans interruption, mais seulement sur la partie de la digue qui se trouve à notre droite, c'est-à-dire vers l'Est. La digue est bordée par une ligne presque continue de cases; d'autres habitations sont disséminées sur la pente du talus et enfin un grand nombre sont agglomérées au bas du talus. Rien n'est plus gracieux que cette région dans laquelle les éclaircies entre les cases laissent apercevoir sur la pente les cases entourées de bambous, de litchis arborescents, de bananiers, etc., et dans la plaine, en bas du talus, des quantités de cases, des pagodes nombreuses et des rizières très morcelées, dont les petits talus sont tous plantés d'arbres. Le fossé que nous avons traversé en bac tout à l'heure est lui-même envahi par les rizières; il est probable que les indigènes ont aidé au travail de la nature et facilité le comblement de ce large fossé. Au-delà de l'ancien fossé, les rizières s'étendent à perte de vue. On est heureux de retrouver autour de soi ces grandes quantités de bananiers dont on avait perdu l'habitude, car le bananier, comme les arbres fruitiers en général, est rare dans les parties du Tonkin que nous avons traversées. Quant à l'aréquier, il continue à être excessivement rare, au point que les gens du peuple remplacent dans leurs chiques la noix d'arec par une petite racine indigène assez astringente. La station où nous sommes se trouve sur le territoire du village de Đông-giư 同如

(563) Sans observation.

(564) *Idem.*

(565) Une pagode se trouve au bord de la route. Signalons que, dans cette région, les hạ-mã qui précèdent les pagodes ne sont plus en pierres sculptées; on se borne à les faire en maçonnerie recouverte d'un enduit dans lequel sont gravés les deux caractères chinois.

(566) Les terrains entre la digue et le fleuve sont incultes. Cette observation s'applique à toute la région que nous avons traversée jusqu'à présent depuis la 560e station.

(567) Sans observation.

(568) La digue se bifurque. L'une de ses branches continue à se diriger vers le Nord-Ouest, tandis que nous suivons l'autre, plus voisine du fleuve et qui, à cet endroit, prend à peu près la direction de l'Ouest. Les deux digues sont de même hauteur et construites de la même façon. Elles courent dans une direction presque identique pendant plusieurs kilomètres, et nous nous bornerons à signaler les points où celle que nous ne suivons pas vient se réamorcer à celle qui va vers Hà-nội.

(569) Cases sur la gauche, entre la digue et le fleuve.

(570) A gauche, quelques rizières entre la digue et le fleuve. A droite, le paysage continue à être celui que nous avons décrit à la 562e station.

(571) Les terrains voisins du fleuve redeviennent incultes.

(572) Même observation.

(573) Même observation. Les bords de la digue sont plantés d'une grande quantité de litchis arborescents.

(574) Terrains incultes entre la digue et le fleuve. Rizières à perte de vue de l'autre côté de la digue.

(575) A gauche, quelques champs de maïs. A droite, un escalier en briques descend sur la pente du talus du sommet de la digue au niveau des terrains inférieurs.

(576) Le fleuve n'est plus qu'à 100 mètres de la digue; un petit sentier y conduit. A ce point, se trouve un bac qui conduit à l'autre rive. On y trouve aussi quelques bateaux qui portent à Hà-nội même les voyageurs et les denrées moyennant une demi-ligature. Le trajet se fait presqu'entièrement en remorquant le bateau à la cordelle. Les hâleurs qui, généralement, sont des enfants, marchent au travers des champs de mûriers qui bordent toute cette partie du fleuve. Du point de départ du bac, on distingue à l'œil nu les bâtiments de la concession française et les navires de guerre mouillés devant le consulat.

(577) Les terrains de gauche sont abandonnés. Ceux de droite sont toujours couverts de rizières et séparés de la digue par un rideau de cases et d'arbres fruitiers.

(578) A gauche, quelques champs de ramie.

(579) Le fleuve n'est plus qu'à 30 mètres du pied du talus, dont il est séparé par une bande de terrains incultes. A droite, le paysage est toujours le même. On remarque quelques mares qui ont jusqu'à 80 centimètres d'eau.

(580) Sans observation.

(581) *Idem.*

(582) La digue a toujours 3 mètres de couronne, mais elle est complétement envahie par de hautes herbes et des branches de bambous et d'arbres divers; il est impossible de voir à grande distance. Le chemin n'est qu'un simple sentier frayé dans la brousse par les allées et venues des piétons. Les talus sont moins réguliers et un peu abrupts. Le versant droit est toujours couvert de cases; quant au versant gauche, on y remarque quelques champs de ramie. Nous sommes sur le territoire du village de Thỏi-khỗi. 土塊

(583) Sans observation.

(584) *Idem.*

(585) *Idem.*

(586) *Idem.*

(587) Un escalier en briques, établi sur la pente du talus, donne accès aux cases installées dans les terrains inférieurs de droite.

(588) De ce point, une digue se détache pour aller rejoindre dans l'Est celle dont nous avons indiqué la bifurcation à la 568e station. Les digues sont ici en parfait état et mesurent de 3 mèt. 50 cent. à 4 mètres en couronne. Les talus sont bien réglés à 45 degrés. Dans l'angle formé par la jonction des deux digues, l'enlèvement des terres nécessaires aux remblais a produit une excavation pleine d'eau. Il semble que les terres employées à la confection de la digue latérale au fleuve ont été prises entre elle et le fleuve, tandis que l'autre digue a été faite avec des terres prises de l'autre côté de la digue principale.

(589) Cases à droite. A gauche quelques champs de ramie assez malingres, dont les tiges atteignent à peine 1 mèt. 10 cent. à 1 mèt. 30 cent. On y voit aussi quelques rares rizières.

(590) Sans observation.

(591) Sans observation.

(592) *Idem.*

(593) Des bâtiments consacrés au culte occupent le milieu de la chaussée. Nous sommes sur le territoire du village de Thách-cầu 石求 tổng de Cư-linh, huyện de Gia-lam, phủ de Thuận-thành.

(594) Sans observation.

(595) *Idem.*

(596) Nous avons fini de contourner les bâtiments qui barrent la route et nous avons recommencé à suivre la direction générale de la digue. A droite, un escalier en briques donne accès aux cases inférieures.

(597) Cases à droite. A gauche, champs de ramie et rizières.

(598) La digue forme un angle dont les côtés s'étendent jusqu'à la 603e station et dont le sommet est à la 600e. L'intérieur de cet angle est occupé par une grande cuvette pleine d'eau. La partie supérieure de la digue est occupée par une grande quantité de cases et de pagodes. Un certain nombre de maisons d'habitation est couvert en tuiles. A gauche, les constructions n'occupent que le bord supérieur du talus, tandis qu'à droite elles se continuent sur la pente et au pied du talus. Il y a là une agglomération importante.

(599) Même observation.

(600) Nous sommes au sommet de l'angle formé par la digue. Cette déviation semble avoir eu pour but de se rapprocher des nombreux édifices religieux dont nous venons de parler.

(601) Sans observation.

(602) *Idem.*

(603) Sur la droite, parmi les nombreuses cases qui bordent la route, se trouve une pagode avec un bassin rempli de nénuphars.

(604) A droite, un groupe de cases entourées de giàu *(Baccaurea),* de bambous, de bananiers et d'autres arbres. A gauche, les terrains sont incultes.

(605) Sans observation.

(606) *Idem.*

(607) *Idem.*

(608) A ce point et sur notre gauche, un chemin se détache de la chaussée que nous suivons et se dirige vers le fleuve en traversant plusieurs groupes

de cases. Quelques mares sont disséminées de place en place; elles contiennent 50 centimètres d'eau. Nous sommes sur le territoire du village de Cư-linh 拒灵 tổng du même nom, huyện de Gia-lam, phủ de Thuận-thành.

(609) Sans observation.

(610) *Idem.*

(611) Entre ces deux stations, nous retrouvons la digue qui court à notre droite depuis la 568e station; elle vient définitivement se rattacher à celle que nous suivons. Cette digue a été rechargée d'une couche de terre de 50 centimètres d'épaisseur sur 2 mèt. 50 cent. de large; mais ce supplément de remblais semble déjà ancien, à en juger par la végétation qui l'a envahi.

(612) Les broussailles forment un tel fouillis qu'elles empêchent complétement de voir à distance.

(613) A droite, le talus a sa pente réglée à 45° et couverte de cases et de plantations variées, au-delà desquelles s'aperçoivent d'immenses rizières. A gauche, au contraire, le talus est abrupt et les terrains qui le séparent du fleuve sont incultes.

(614) Il n'y a plus de plantations sur la digue, ni à droite ni à gauche. Dans le lointain à droite, on aperçoit des rizières.

(615) A gauche, à quelques centaines de mètres, un village entouré de sa haie de bambous et séparé de la route par des rizières. A droite, pas de cases sur les bords du talus, mais seulement quelques-unes à 4 ou 500 mètres de la digue, au milieu des rizières.

(616) A gauche, terrains incultes, talus abrupts. A droite, talus à 45° et rizières.

(617) Des deux côtés, quelques mares profondes de 50 centimètres.

(618) A droite, un groupe de cases au pied du talus.

(619) Même observation. Le talus continue à être abrupt du côté du fleuve et incliné de 45° de l'autre côté.

(620) A gauche, terrains incultes. A droite, au milieu des plantations d'arbres à fruits, se trouvent quelques cases et une grande mare contenant 1 mètre d'eau et entourée d'une haie de bambous. Des deux côtés, quelques mares.

(621) Sans observation.

(622) *Idem.*

(623) Sans observation.

(624) *Idem.*

(625) *Idem.*

(626) Petite pagode à droite. Nous sommes sur le territoire du village de Cổ-linh 古灵 tổng de Cư-linh, huyện de Gia-lam, phủ de Thuận-thành.

(627) Sans observation.

(628) A gauche, talus abrupt et terrains incultes. La pente du talus sur la droite est tellement forte en ce point, qu'on a du renoncer à y construire des cases ; il n'y en a donc qu'au pied même de la digue. Rizières à perte de vue.

(629) A droite, le talus recommence à avoir sa pente normale de 45°. A gauche, à quelques centaines de mètres, un village séparé de nous par des rizières.

(630) A droite, des cases entourées de giâu, de bambous et de bananiers couvrent le bord de la digue, aussi bien que la pente du talus, et s'étendent à la base du remblai. A gauche, le talus a repris aussi son inclinaison normale de 45° ; il est bordé de quelques rizières et de mares trop profondes pour être cultivées.

(631) Cet endroit, dépourvu de cases, permet de constater plus exactement les véritables dimensions de la digue. Sur ce point au moins, elle a dû être construite avec une largeur d'environ 9 mètres en couronne ; mais, sous l'action de son propre poids et des pluies, la partie de droite a eu un glissement sur une épaisseur de 6 mètres, d'où est résultée une dénivellation de 1 mèt. 50 cent. environ. Le talus de gauche est abrupt. Dans tout ce parcours effectué sur la digue, ainsi que dans celui qui nous reste à faire jusqu'à Hà-nội, nous avons vu de place en place des remblais neufs qui ont été ébauchés pour remplir des flaches sur les talus ; ces travaux sont très mal faits et aucun d'eux ne tient, les mottes de terre nouvelles finissant par glisser, les herbes qu'elles recouvrent les empêchant d'adhérer au talus primitif. Il serait très facile de faire ce travail solidement en élargissant la base du talus de manière à lui rendre son inclinaison primitive à 45°, mais les indigènes n'y songent même pas ou reculent devant un travail dont l'utilité immédiate ne leur apparaît pas clairement.

(632) A gauche, talus abrupt et champs de ramie. A droite, talus également abrupt, cases et rizières.

(633) A gauche, champs de ramie. A droite, cases, rizières et maïs. Nous sommes passés devant un groupe de six maisons en briques couvertes en tuiles, servant de pagode et de dépendances.

(634) A gauche, le talus est incliné à 45°. Champs de ramie. A droite, talus très élevé. Champs de maïs, de nénuphars, rizières à perte de vue.

(635) A gauche, champs de ramie. A cet endroit, une route se détache brusquement de la digue et conduit au fleuve; elle s'amorce au niveau de la digue, mais descend par une pente rapide pour conserver une hauteur de 3 mètres et une largeur de 2 mètres environ. Le talus de cette petite chaussée est établi à 45°. A 50 mètres du point de jonction de cette route avec la digue, elle passe sur un aqueduc voûté en plein ceintre de 1 mèt. 50 cent. d'ouverture, destiné à laisser circuler les eaux provenant des crues du fleuve. A droite, une haie de bambous borde la digue.

(636) A gauche, rizières et champs de ramie. A droite, continuation de la haie de bambous au bord de la digue.

(637) Même observation. Une autre petite route descend au fleuve dans les mêmes conditions que celle dont nous venons de parler; elle a aussi une hauteur de 3 mètres sur une largeur de 2 mètres. A 30 mètres de la digue, elle passe sur un aqueduc dont la voûte surbaissée n'a que 30 centimètres de flèche pour 1 mètre d'ouverture.

(638) A gauche, ramie et rizières. A droite, une haie de bambous masquant de nombreuses cases.

(639) Entre cette station et la précédente, nous remarquons sur la gauche, au pied de la digue, un énorme puits non maçonné, creusé au pied du talus. Un escalier en briques, avec balustrade également en briques recouvertes d'enduit, conduit jusqu'au bord du puits.

(640) A gauche, touffes de bambous et champs de ramie. A droite, la haie continue.

(641) Au point où nous sommes, la route fait un détour presqu'à angle droit en inclinant vers la gauche. La digue continue cependant en ligne droite et donne accès aux nombreux bâtiments d'une pagode. Le rectangle compris entre les deux digues est occupé par un vaste bassin où poussent les nénuphars destinés au culte. Il est bon de remarquer une fois de plus que toutes les pagodes importantes empiètent sur la route par elles-mêmes ou par leurs dépendances et forcent celle-ci à une déviation.

(642) Nous contournons la pagode.

(643) Même observation.

(644) Nous nous retrouvons sur la digue, dans la direction générale que nous avons quittée pour contourner la pagode.

(645) A gauche, ramie et touffes de bambous. A droite, haies bordant les cases; au loin, vastes rizières.

(646) La digue avait en ce point une largeur primitive de 17 mètres en couronne; mais, grâce à l'incurie des autorités indigènes, elle a été occupée progressivement par des habitations et des cultures.

(647) Sans observation.

(648) *Idem.*

(649) *Idem.*

(650) A droite et à gauche, des haies entourent les jardins plantés sur la digue même; des cases sont éparpillées sur les flancs du talus. A droite, au pied de la digue, des cases et des rizières qui s'étendent au loin dans la plaine.

(651) Sans observation.

(652) *Idem.*

(653) A ce point, une petite digue s'embranche sur la gauche et va rejoindre le fleuve après un trajet de 406 mètres. Cette petite digue, de 2 mètres de largeur en couronne, est élevée de 1 mètre à 1 mèt. 50 cent. environ au-dessus des champs de ramie environnants, dont la végétation est magnifique et dont les tiges atteignent 2 mètres de hauteur. Les talus sont en bon état. A l'extrémité de ce chemin, se trouvent plusieurs bateaux faisant le service de bacs et transportant les voyageurs et les marchandises sur l'autre rive du Sông-ca, où se trouve bâtie la ville d'Hà-nội.

(653 *a*) Petite digue dont il est parlé à la station précédente et que nous suivons pour nous rendre à l'embarcadère, d'où l'on nous passe à la concession française. Un aqueduc voûté, établi sous la digue, permet l'écoulement des eaux d'inondation. La dernière station est faite dans le lit du fleuve, dont la différence de niveau avec la digue que nous venons de quitter est de 4 mètres en contrebas. Toute cette partie fut couverte par la crue du 17 au 18 juillet 1882, les eaux atteignirent 2 mètres de hauteur.

A ce point, on se trouve sensiblement en face du consulat de France et de la concession. La ville d'Hà-nội est embrassée dans un angle formé par le 63e et le 160e grades, ayant par suite 97 grades ou 87 degrés et demi d'ouverture. La visée sur le mât du consulat de France donne 145 grades.

C'est là que passent, sur des bacs et des sampans en clayonnage goudronné, les personnes qui se rendent soit à la concession française, soit à la rue des Incrusteurs par la porte de France, soit dans toute la partie méridionale de la ville d'Hà-nội; mais le véritable point d'arrêt de la route d'Hà-nội, celui où doit aboutir le chemin de fer, est plus loin, sur la digue principale. C'est pour cette raison que nous avons indiqué toujours sous le no 653, les diverses stations parcourues sur la digue et conduisant au point où nous sommes.

Le mercredi 19 juillet 1882, nous revenons donc sur nos pas jusqu'à la station 653 et nous recommençons à suivre le sommet de la grande digue pour aller jusqu'en face la douane et le centre de la ville.

(654) A droite, cases sur le flanc et en bas de la digue, disséminées au milieu des bananiers, des giâu, haies de bambous formant clôture ; plus loin, rizières à perte de vue. A gauche, quelques rares cases au milieu de maigres rizières et de champs de ramie.

(655) *Idem.*

(656) *Idem.*

(657) *Idem.*

(658) *Idem.*

(659) *Idem.*

(660) *Idem.*

(661) *Idem.*

(662) Encore une déviation de la digue causée par la présence d'une pagode et de sa mare à nénuphars ; la digue primitive est visible entre deux haies de bambous desservant les bâtiments de la pagode. Quoique les hạ-má existent encore de chaque côté des pagodes, nous constatons que ce ne sont plus que des massifs de maçonnerie ; les caractères sont simplement gravés dans l'enduit. Rappelons aussi que toutes ces pagodes ont leur façade principale orientées plein Sud.

(663) Nous continuons à contourner la pagode.

(664) *Idem.*

(665) Nous retrouvons la direction générale de la digue. Sur la droite, une autre digue de 315 mètres de long environ, située par 48 grades de la direction Nord-Sud, que nous retrouverons à trois visées plus loin, semble réservée aussi au service de la pagode. Au point d'intersection de ces quatre digues, se trouvent deux petits édicules entourés de cicas, pommiers-canneliers, giâu, fleurs diverses, etc. La digue reprend son aspect habituel : jardins et cases à droite, rizières au loin ; à gauche, quelques rizières et des champs de ramie.

(666) Sans observation.

(667) A ce point, une digue se continue vers l'Ouest, laissant apercevoir un grand aqueduc de 1 mèt. 50 cent. d'ouverture ; le bas de la digue est un peu inondé ; à gauche, deux maisons de refuge couvertes en tuiles ; des nénuphars y croissent dans des mares ; au loin, des rizières. Cette digue conduit évidemment à un embarcadère pour les personnes qui se rendent dans la partie d'Hà-nội comprise entre la rue des Incrusteurs et la rue Dupuis (derrière la douane).

(668) Des deux côtés de la route, rizières inondées de 50 centimètres.

(669) Un endroit bien découvert nous permet de constater à nouveau que la digue avait 6 mètres de largeur en couronne et qu'elle a été rechargée de 1 mètre de hauteur sur 3 mètres de largeur seulement.

(670) A droite, rizières et cases avec jardins. A gauche, rizières et champs de ramie.

(671) A droite, mares peu profondes, mais sur différents plans, ce qui indique assez que les remblais de la digue ont été pris de ce côté. — Maison de refuge couverte en tuiles. — Un escalier avec marches en carreaux et contre-marches en briques descend sur la pente du talus et donne accès aux cases inférieures.

(672) A droite, mares peu profondes, cases, rizières. A gauche, rizières.

(673) A droite, mares et rizières. A gauche, rizières et ramie.

(674) A droite et à gauche, cases au milieu de jardins défendus comme toujours par des haies de bambous.

(675) L'agglomération des cases est considérable. — On peut dire qu'à ce point se termine la route d'Hà-nội. — Cette dernière station est faite sur un palier carrelé de carreaux provenant du village de Bà-tang, lequel est plus bas sur le cours du fleuve ; ce palier (au dire des indigènes voisins) n'a jamais été gagné par les inondations. Un escalier en mauvais état, avec marches en carreaux et contre-marches en briques, descend le talus droit de la digue et donne accès à la route de Bắc-ninh qui se dirige vers le Nord-Est, au niveau des rizières. Pour défendre cette route, une digue se dirige vers le N.-N.-E.

Pour se rendre à Hà-nội, une route de 116 mètres de longueur et de 8 mètres de largeur environ part du palier carrelé et se dirige en pente douce, dans une direction Sud-Ouest par 131 grades, vers le fleuve où de nombreux bateaux transportent sur l'autre rive passagers et marchandises.

Sur la rive droite du fleuve et dans la même direction que la route, on aperçoit au loin la tour de la citadelle par 129 grades et, sur le bord du fleuve, la douane. C'est en cet endroit que nous avons vu pour la première fois la brouette indigène que nous avons retrouvée ultérieurement dans la ville d'Hà-nội et pendant le cours de notre voyage à Bắc-ninh et au Câu-giong. Cette brouette est très bien comprise, les brancards sont cintrés horizontalement pour aller rejoindre à angle aigu en avant de la roue, qui a 55 centimètres à 60 centimètres de diamètre. Le tout est en bois, sans une parcelle de fer.

La ville d'Hà-nội est trop connue et les descriptions qu'en ont publié les voyageurs sont trop faciles à se procurer pour que nous en fassions une nouvelle ici. D'ailleurs notre programme est l'étude d'un projet de chemin de fer et non la description des villes déjà connues. Ajoutons que la ville d'Hà-nội se trouvant sur l'autre rive du Sông-ca, sa constitution n'influe que médiocrement sur l'ensemble des travaux de la voie ferrée, si ce n'est pour fournir des éléments à son trafic.

Tout d'abord, nous avons eu à examiner s'il est nécessaire de faire traverser le Sông-ca à la voie ferrée et d'aller aboutir dans la ville même d'Hà-nội. Tout en reconnaissant qu'il y aurait certainement avantage à faire la traversée de ce fleuve et à venir placer une gare au centre même du trafic, nous avons pensé que, dans les conditions actuelles, étant donné que le trafic d'Hà-nội se fait presqu'exclusivement par voie fluviale, il serait facile de déplacer une partie de ce trafic et d'amener les commerçants, qui voudraient confier leurs marchandises au chemin de fer, à les débarquer sur la rive gauche du fleuve, dans les magasins et entrepôts qui seraient à créer sur ce point.

Actuellement, la nécessité pour les indigènes de se mettre à l'abri des remparts de la citadelle et le manque d'intérêt à débarquer sur une rive ou sur l'autre les marchandises venant du haut fleuve, puisqu'elles ne pouvaient continuer leur route qu'en se réembarquant, ont empêché la création d'un centre de commerce important sur la rive gauche du Sông-ca, malgré la quantité considérable de maisons qui s'y trouvent agglomérées sur une longueur des plusieurs kilomètres; mais ces nécessités disparaîtront le jour où la sécurité aura été établie par le Gouvernement français, grâce à l'expulsion des pirates et des rebelles de toute sorte.

Du reste, l'idée mère de nos études, aussi bien dans notre esprit que dans celui de l'Administration supérieure de Cochinchine, est de prolonger la voie ferrée vers le Nord afin de fournir au commerce la route facile que ne peut pas lui donner le Sông-ca à cause des rapides qui interrompent son cours. C'est donc sur la rive gauche de ce cours d'eau qu'il faut se maintenir, afin de pouvoir pousser par Bắc-ninh, Lương-sơn, etc., jusqu'à la frontière chinoise, afin d'aller chercher à leur source les riches produits du Nord du Tonkin et de porter au centre même des provinces les marchandises importées d'Europe. Dans cet ordre d'idée, la voie ferrée dessert Hà-nội en passant, et pour cela, il suffit de placer une gare importante avec entrepôt, magasins, et facilités de débarquement sur la rive où nous nous trouvons, sans entreprendre la construction d'un pont colossal.

Cependant si, comme tout le fait présumer, l'avenir amenait la création d'un réseau ferré complet au Tonkin, il faudrait se décider à franchir le fleuve pour s'élancer dans la direction de Nam-định et de Ninh-binh; mais ce n'est pas là l'œuvre de la première heure et, pour le moment, il suffit d'assurer des communications commerciales faciles et pratiques en tout temps entre le Sông-ca et Hải-phòng, centre du commerce extérieur; de ramasser en passant les produits de la contrée traversée par la voie ferrée et de fournir en même temps à l'Administration française le moyen de transporter rapidement, suivant les besoins, ses troupes et ses munitions d'un centre à un autre. Dès à présent, nos études nous permettent de proposer la construction de la voie ferrée jusqu'à Bắc-ninh, mais nous croyons qu'il y a lieu d'ajourner, tout en la prévoyant, toute la partie du réseau qui se trouverait sur la rive droite du Sông-ca.

Telles sont les raisons principales qui nous ont déterminés à mettre notre gare au point où nous sommes actuellement arrivés, plutôt que partout ailleurs.

Dans son trajet entre Hải-dương et Hà-nội, la voie ferrée ne rencontrerait aucun obstacle sérieux, soit comme cours d'eau, soit comme travaux d'art. Nous n'avons rencontré en effet, dans cette course de 54 kilomètres, que :

19 aqueducs mesurant ensemble	19m00
3 fossés d'ensemble	51 00
1 tranchée de	3 00
1 plaine inondée de	135 00
Et 4 cours d'eau dont un traversé deux fois, ils nécessiteront : pour le Câu-rạng, un ouvrage d'art de	28 50
Le Câu-dat, *idem*	3 00
Le Câu-gia, *idem*	15 00
Le Câu-gia, *idem*	37 75
Sur le Hung-tao-giang, *idem*	20 00
Ensemble	104m25

En admettant, comme cela est vraisemblable, que les fossés soient traversés sur des ponts et que la plaine inondée décrite à la 559e station soit traversée sur un viaduc, le total des travaux d'art pour ce parcours serait de 290 mèt. 25 cent.

La voie ferrée commencerait, en quittant la gare d'Hải-dương, par décrire une courbe en dehors de l'enceinte de la ville pour aller retrouver la route vers le point où elle se bifurque avec celle de Hưng-yên (325e station), et s'élancerait en ligne sensiblement droite vers Cao-xả, où serait une station à 6 kilomètres environ de celle d'Hải-dương. La halte suivante serait vers la 362e station, au centre des villages importants signalés à droite et à gauche, mais à une certaine distance de la route; elle serait au 55e kilomètre de la voie ferrée et, par suite, à 4 kilomètres de la station précédente. Continuant toujours dans la même direction, la voie ferrée franchirait une nouvelle distance de 6 kilomètres pour arriver à Ghạt-kéo; la station de ce nom serait d'ailleurs avantageusement placée à l'Ouest de ce village pour desservir en même temps le village de Kim-quan; elle se trouverait alors en un point où la voie ferrée abandonnerait la route par nous suivie, afin de remplacer par une ligne sensiblement droite l'angle porté entre le 63e et le 67e kilomètre de notre itinéraire.

Une courbe à très grand rayon, suivie d'une nouvelle ligne droite dans laquelle la voie ferrée suivrait la route actuelle, conduirait à la station suivante qui pourrait être établie à proximité du petit village noté à la 435e station de l'itinéraire. De ce point, la voie ferrée abandonnerait presque complétement et définitivement la route, par une ligne droite suivie d'une courbe, pour venir desservir une station située entre le village de Giang-lảng et le Cầu-gia, à une distance de 6 kilomètres de la station précédente. Une nouvelle ligne droite de 12 kilomètres 500 mètres ferait passer la voie ferrée à Ngải-dương, près de Bình-lương, et se terminerait à Đa-tôn. Enfin, la voie ferrée serait conduite par deux lignes droites raccordées par une courbe d'abord à proximité du village de Cổ-linh et, enfin, au point prévu comme terminus en face d'Hà-nội; cette dernière partie du tracé, au lieu d'être établie sur la digue elle-même, le serait à l'Est de celle-ci, de manière à être garantie par elle contre les inondations sans en suivre les sinuosités. Le tracé total de la voie ferrée entre Hải-phòng et Hà-nòi serait de 96 kilomètres, dont 45 kilomètres entre Hải-phòng et Hải-dương et 51 kilomètres entre Hải-dương et Hà-nội.

Les stations de cette seconde partie seraient placées approximativement :

Hải-dương au kilomètre........................	45 000
Cao-xa, *idem*................................	51 000
X..., *idem*..................................	55 000
Ghạt-kéo, *idem*..............................	61 000
X..., *idem*..................................	67 500
Giang-lảng, *idem*............................	73 500
Ngái-dương, *idem*............................	78 000
Bình-lương, *idem*............................	82 000
Đa-tôn, *idem*................................	86 000
Cổ-linh, *idem*...............................	91 500
Hà-nội, *idem*................................	96 000

La distance moyenne des stations dans cette seconde partie du parcours serait donc, comme dans la première, d'environ 5 kilomètres.

La voie serait également simple, sauf aux stations et aux garages.

Enfin, il serait peut-être utile de faire un petit embranchement de Đa-tôn sur Bà-tang, d'une longueur d'environ 3 kilomètres, pour desservir ce centre important.

En résumé, Monsieur le Gouverneur, le tracé que nous vous proposons pour une voie ferrée entre Hà-nội et Hải-phòng ne rencontre aucun obstacle sérieux. Sauf pendant un court espace d'à-peine 1 kilomètre, il traverse exclusivement des contrées riches et très peuplées, dont les ressources agricoles sont considérables, dès à présent, et ne pourront que se développer lorsque les populations auront à leur disposition les moyens de transport qui leur manquent absolument. Les dépenses d'établissement de la voie, dans un pays presqu'absolument plat, seront des plus modérées, et la traversée du Thai-binh lui-même, auprès d'Hải-dương, ne représente pas une dépense exagérée.

Comme on peut s'en convaincre par les cotes relevées aux tableaux ci-joints, les terrassements à effectuer seront généralement peu considérables et la nature du terrain, semblable à celui avoisinant les giồng de la Basse-Cochinchine, permettra de les effectuer avec une facilité remarquable et de grandes chances de durée et de solidité.

Nous espérons donc que vous voudrez bien nous continuer la bienveillance dont vous nous avez donné une preuve en contribuant pour partie aux dépenses de nos études. Aussi, nous vous remettons avec confiance, en même temps que ce travail, la demande de concession de cette voie ferrée. Il va sans dire d'ailleurs que, pour bien des points de détail, notre travail est imparfait; que des études plus complètes pourront seules déterminer le tracé définitif pour l'exécution; mais, dès à présent, nous croyons avoir rempli notre tâche, dont le but était de rechercher s'il était possible, utile et pratique d'établir cette voie ferrée.

Les passeports que nous avions reçus avant notre départ de Saigon et qui avaient été visés par les autorités françaises et annamites du Tonkin, nous ont permis de profiter de notre séjour pour remonter jusqu'à Bắc-ninh et d'étudier, de la même façon et par les mêmes moyens géodésiques employés entre Hải-phòng et Hà-nội, la possibilité de l'établissement d'une voie ferrée desservant ce chef-lieu de province. Nous croyons bien faire en donnant ci-après nos observations pour cette nouvelle partie du territoire, et nous pensons que si, ultérieurement, la voie ferrée est prolongée vers le Nord, elles pourront déterminer l'Administration à nous donner une préférence que justifierait la priorité de nos études.

TROISIÈME PARTIE.

HÀNỘI A BẮC-NINH.

LECTURE DES INSTRUMENTS A CHAQUE STATION.								PRINCIPAUX VILLAGES.			COURS D'EAU, AQUEDUCS, ETC.				PRINCIPALES CULTURES SUR PIED et produits divers.
NUMÉRO d'ordre.	ANGLE de la visée avec l'aiguille aimantée, en grades.	DIRECTION de la visée.	DISTANCE entre les extrémités de la station, en mètres.	DISTANCE entre les extrémités de la station, en pas.	DISTANCE totale du point de départ.	HAUTEUR.	Lar	NOM en quoc-ngu.	NOM en caractères.	NOMBRE de cases.	NOM en quoc-ngu.	NOM en caractères.	LARGEUR.	PROFONDEUR.	
(676)	340	N.-E.	76 50	»	76 50	5m00	[illegible]			»			»	»	»
(677)	334 1/2	E.-N.-E.	206 00	»	282 50	5 00	[illegible]	Village.		»			»	»	Rizières.
(678)	335	E.-N.-E.	138 00	»	420 50	7 00	[illegible]			»	Aqueduc.		0m50	»	»
(679)	336 1/2	E.-N.-E.	204 00	»	624 50	9 00	[illegible]			»			»	»	»
(680)	336	E.-N.-E.	213 00	»	837 50	9 00	[illegible]			»			»	»	»
(681)	335	E.-N.-E.	206 00	»	1,043 50	9 00	[illegible]			»			»	»	»
(682)	335 1/2	E.-N.-E.	184 00	»	1,227 50	12 00	[illegible]			»			»	»	»
(683)	333 1/2	E.-N.-E.	180 00	»	1,407 50	»	[illegible]			»			»	»	»
(684)	336	E.-N.-E.	230 00	»	1,637 50	7 00	[illegible]			»			»	»	»
(685)	335 1/2	E.-N.-E.	220 00	»	1,857 50	8 00	[illegible]	Villages nombreux.		»			»	»	
(686)	335	E.-N.-E.	225 00	»	2,082 50	7 00	[illegible]			»			»	»	»
(687)	335	E.-N.-E.	210 00	»	2,292 50	7 00	[illegible]			»			»	»	»
A reporter			2,292 50	»						»			0 50		

Voir les observations, pages 226 et suivantes.

LECTURE DES INSTRUMENTS A CHAQUE STATION.								PRINCIPAUX VILLAGES.			COURS D'EAU, AQUEDUCS, ETC.				PRINCIPALES CULTURES SUR PIED et produits divers.
NUMÉRO d'ordre.	ANGLE de la visée avec l'aiguille aimantée, en grades.	DIRECTION de la visée.	DISTANCE entre les extrémités de la station, en mètres.	DISTANCE entre les extrémités de la station, en pas.	DISTANCE totale du point de départ.	HAUTEUR.	LARG[EUR].	NOM en quoc-ngu.	NOM en caractères.	NOMBRE de cases.	NOM en quoc-ngu.	NOM en caractères.	LARGEUR.	PROFONDEUR.	
Report			2,292 50	»						»			0m50		
(688)	335 3/4	E.-N.-E.	213 00	»	2,505 50	8m00	[illegible]			»			»	»	»
(689)	339	E.-N.-E.	214 00	»	2,719 50	9 00	0 [illegible]			»			»	»	»
(690)	351 1/2	N.-E.	214 00	»	2,933 50	10 00	0 [illegible]	Villages à droite et à gauche.		»			»	»	»
(691)	352 1/2	N.-E.	208 00	»	3,141 50	9 00	0 [illegible]			»	Aqueduc.		»	»	»
(692)	353 3/4	N.-E.	219 00	»	3,360 50	8 00	0 [illegible]			»			»	»	»
(693)	355	N.-E.	212 00	»	3,572 50	8 00	0 [illegible]			»			»	»	»
(694)	355 1/2	N.-E.	110 00	»	3,682 50	9 00	0 [illegible]			»			»	»	»
(695)	355 1/2	N.-E.	171 00	»	3,853 50	»	[illegible]			»			»	»	»
(696)	355 3/4	N.-E.	209 00	»	4,062 50	»	[illegible]			»	Aqueduc.		2 00	»	»
(697)	356 1/4	N.-E.	213 00	»	4,275 50	»	[illegible]			»			»	»	»
(698)	356	N.-E.	206 00	»	4,481 50	»	[illegible]	Terres sablonneuses.		»			»	»	»
(699)	355	N.-E.	207 00	»	4,688 50	9 00	0 [illegible]			»			»	»	»
A reporter			4,688 50	»						»			2.50		

Voir les observations, pages 226 et suivantes.

LECTURE DES INSTRUMENTS A CHAQUE STATION.								PRINCIPAUX VILLAGES.			COURS D'EAU, AQUEDUCS, ETC.				PRINCIPALES CULTURES SUR PIED et produits divers.
NUMÉRO d'ordre.	ANGLE de la visée avec l'aiguille aimantée, en grades.	DIRECTION de la visée.	DISTANCE entre les extrémités de la station, en mètres.	DISTANCE entre les extrémités de la station, en pas.	DISTANCE totale du point de départ.	HAUTEUR.	LARG[EUR].	NOM en quoc-ngu.	NOM en caractères.	NOMBRE de cases.	NOM en quoc-ngu.	NOM en caractères.	LARGEUR.	PROFONDEUR.	
Report			4,688 50	»						»			2m50		
(700)	355	N.-E.	215 00	»	4,903 50	9m00	[illegible]			»			»	»	»
(701)	354 1/2	N.-E.	212 00	»	5,115 50	7 00	[illegible]			»			»	»	»
(702)	355 1/2	N.-E.	207 00	»	5,322 50	4 00	[illegible]			»			»	»	Rizières, patates et ricins.
(703)	355	N.-E.	204 00	»	5,526 50	5 50	[illegible]	Terre très sablonneuse.		»			»	»	Rizières.
(704)	354 1/2	N.-E.	205 00		5,731 50	5 00	[illegible]			20			»	»	»
(705)	354 1/2	N.-E.	165 00	»	5,896 50	5 00	[illegible]			»			»	»	»
(706)	357 1/2	N.-E.	198 00	»	6,094 50	»	[illegible]			»			»	»	»
(707)	353	N.-E.	130 00	»	6,224 50	»	[illegible]	Thanh-an.		30	Thien-duc-giang ou canal de Bac-ninh ou canal des Rapides.		130 00	7m00	»
(708)	353 1/4	N.-E.	202 00	»	6,426 50	3 00	[illegible]			»			»	»	»
(709)	354	N.-E.	202 00	»	6,628 50	75	[illegible]			»			»	»	»
(710)	360 1/2	N.-E.	204 00	»	6,832 50	2 75	[illegible]			»			»	»	»
(711)	354 1/2	N.-E.	78 50	»	6,911 00	4 00	[illegible]			»			»	»	Rizières et ramie.
A reporter			6,911 00	»						50			132 50		

Voir les observations, pages 226 et suivantes,

LECTURE DES INSTRUMENTS A CHAQUE STATION.								PRINCIPAUX VILLAGES.			COURS D'EAU, AQUEDUCS, ETC.				PRINCIPALES CULTURES SUR PIED et produits divers.
NUMÉRO d'ordre.	ANGLE de la visée avec l'aiguille aimantée, en grades.	DIRECTION de la visée.	DISTANCE entre les extrémités de la station, en mètres.	DISTANCE entre les extrémités de la station, en pas.	DISTANCE totale du point de départ.	HAUTEUR.	LARGEUR.	NOM en quoc-ngu.	NOM en caractères.	NOMBRE. de cases.	NOM en quoc-ngu.	NOM en caractères.	LARGEUR.	PROFONDEUR.	
Report			6,911 00	»						50			132m50		
(712)	350	N.-E.	170 00	»	7,081 00	3m00	0m[illegible]	[illegible]de Kim-quan.		»			»	»	»
(713)	350	N.-E.	203 00	»	7,284 00	3 00	0 [illegible]	»		»			»	»	Rizières.
(714)	355	N.-E.	204 00	»	7,488 00	4 00	0 [illegible]			»	Aqueduc.		»	»	»
(715)	355 1/4	N.-E.	211 00	»	7,699 00	6 00	0 [illegible]	Village au loin.		»				»	»
(716)	355 1/2	N.-E.	198 00	»	7,897 00	6 00	0 [illegible]			»			»	»	»
(717)	355 1/4	N.-E.	204 00	»	8,101 00	6 00	0 [illegible]			»			»	»	»
(718)	355	N.-E.	196 00	»	8,297 00	2 50	1 [illegible]			»			»	»	»
(719)	355	N.-E.	207 00	»	8,504 00	2 50	2 [illegible]			»			»	»	»
(720)	356	N.-E.	204 00	»	8,708 00	2 50	2 [illegible]			»			»	»	»
(721)	355	N.-E.	134 00	»	8,844 00	3 50	1 [illegible]			»			»	»	»
(722)	352	N.-E.	155 00	»	8,909 00	6 00	0 [illegible]			»			»	»	»
(723)	349 1/2	N.-E.	168 00	»	9,167 00	6 50	0 [illegible]			»			»	»	»
A reporter			9,107 00	»						50			132 50		

Voir les observations, pages 226 et suivantes.

LECTURE DES INSTRUMENTS A CHAQUE STATION.								PRINCIPAUX VILLAGES.			COURS D'EAU, AQUEDUCS, ETC.				PRINCIPALES CULTURES SUR PIED et produits divers.
NUMÉRO d'ordre.	ANGLE de la visée avec l'aiguille aimantée, en grades.	DIRECTION de la visée.	DISTANCE entre les extrémités de la station, en mètres.	DISTANCE entre les extrémités de la station, en pas.	DISTANCE totale du point de départ.	HAUTEUR.	LARGEUR.	NOM en quoc-ngu.	NOM en caractères.	NOMBRE de cases.	NOM en quoc-ngu.	NOM en caractères.	LARGEUR.	PROFONDEUR.	
Report........................			9,467 00	»						50			132m50		
(724)	350 1/2	N.-E.	209 00	»	9,376 00	7m00	[illegible]			»			»	»	»
(725)	349	N.-E.	210 00	»	9,586 00	8 00	[illegible]			»			»	»	»
(726)	348 1/2	N.-E.	199 00	»	9,785 00	9 00	[illegible]	Villages.		»			»	»	»
(727)	349	N.-E.	201 00	»	9,986 00	5 00	[illegible]			»			»	»	»
(728)	348 1/2	N.-E.	212 00	»	10,198 00	9 00	[illegible]			»			»	»	»
(729)	349 1/2	N.-E.	210 00	»	10,408 00	9 00	[illegible]			»			»	»	»
(730)	349	N.-E.	197 00	»	10,605 00	8 00	[illegible]			»			»	»	»
(731)	347 1/2	N.-E.	200 00	»	10,805 00	9 00	[illegible]			»			»	»	»
(732)	342 1/2	N.-E.	110 00	»	10,915 00	9 00	[illegible]			»			»	»	Rizières.
(733)	334 1/2	N.-E.	187 00	»	11,102 00	9 00	[illegible]	Village.		»			»	»	»
(734)	337	N.-E.	183 00	»	11,285 00	6 00	[illegible]			»	Aqueduc.		»	»	»
(735)	336 1/2	N.-E.	193 00	»	11,478 00	9 00	[illegible]			»			»	»	»
A reporter........................			11,478 00	»						50			132 50		

Voir les observations, pages 226 et suivantes.

LECTURE DES INSTRUMENTS A CHAQUE STATION.								PRINCIPAUX VILLAGES.			COURS D'EAU, AQUEDUCS, ETC.				PRINCIPALES CULTURES SUR PIED et produits divers.
NUMÉRO d'ordre.	ANGLE de la visée avec l'aiguille aimantée, en grades.	DIRECTION de la visée.	DISTANCE entre les extrémités de la station, en mètres.	DISTANCE entre les extrémités de la station, en pas.	DISTANCE totale du point de départ.	HAUTEUR.	LARGEUR.	NOM en quoc-ngu.	NOM en caractères.	NOMBRE de cases.	NOM en quoc-ngu.	NOM en caractères.	LARGEUR.	PROFONDEUR.	
Report			11,478 00	»						50			132m50		
(736)	337	N.-E.	189 00	»	11,667 00	8m00	0 [illegible]			»			»	»	»
(737)	336 1/2	N.-E.	190 00	»	11,857 00	9 00	0 [illegible]			»			»	»	»
(738)	336 3/4	N.-E.	142 00	»	11,999 00	8 00	0 [illegible]			»			»	»	»
(739)	336	N.-E.	159 00	»	12,158 00	8 00	0 [illegible]	Villages à droite et à gauche.		»			»	»	»
(740)	335 3/4	N.-E.	144 00	»	12,302 00	9 00	0 [illegible]			»			»	»	»
(741)	336 1/2	N.-E.	156 00	»	12,458 00	9 00	1 [illegible]			»			»	»	»
(742)	337	N.-E.	156 00	»	12,614 00	8 00	0 [illegible]			»			»	»	»
(743)	335	N.-E.	148 00	»	12,762 00	7 00	1 [illegible]			»			»	»	»
(744)	336 1/2	N.-E.	135 00	»	12,897 00	8 00	0 [illegible]			»			»	»	»
(745)	336 1/2	N.-E.	121 00	»	13,018 00	10 00	0 [illegible]			»			»	»	»
(746)	336 1/2	N.-E.	128 00	»	13,146 00	10 00	0 [illegible]			»			»	»	»
(747)	336	N.-E.	128 00	»	13,274 00	10 00	0 [illegible]			»			»	»	»
A reporter			13,274 00	»						50			132 50		

Voir les observations, pages 226 et suivantes.

LECTURE DES INSTRUMENTS A CHAQUE STATION.								PRINCIPAUX VILLAGES.			COURS D'EAU, AQUEDUCS, ETC.				PRINCIPALES CULTURES SUR PIED et produits divers.
NUMÉRO d'ordre.	ANGLE de la visée avec l'aiguille aimantée, en grades.	DIRECTION de la visée.	DISTANCE entre les extrémités de la station, en mètres.	DISTANCE entre les extrémités de la station, en pas.	DISTANCE totale du point de départ.	HAUTEUR.	LARGEUR.	NOM en quoc-ngu.	NOM en caractères.	NOMBRE de cases.	NOM en quoc-ngu.	NOM en caractères.	LARGEUR.	PROFONDEUR.	
Report			13,274 00	»						50			132m50		
(748)	332	N.-E.	58 50	»	13,332 50	10m00	»	Lang-giang.	[illegible]江	»			»	»	»
(749)	337	N.-E.	30 00	»	13,362 50	6 00	»	»		»			»	»	»
(750)	337 1/2	N.-E.	64 00	»	13,426 50	6 00	»	Village.		»			»	»	»
(751)	338	N.-E.	111 00	»	13,537 50	6 00	»	»		»			»	»	»
(752)	336 1/2	N.-E.	121 00	»	13,658 50	6 00	»	»		»			»	»	»
(753)	338	N.-E.	129 00	»	13,787 50	7 00	0m30			»			»	»	Rizières.
(754)	335 1/2	N.-E.	140 00	»	13,927 50	4 50	1 60			»			»	»	»
(755)	337 1/2	N.-E.	205 00	»	14,132 50	8 00	0 40			7			»	»	»
(756)	337	N.-E.	203 00	»	14,335 50	10 00	0 30			»			»	»	»
(757)	337 3/4	N.-E.	199 00	»	14,534 50	8 00	0 30			»			»	»	»
(758)	336	N.-E.	198 00	»	14,732 50	8 00	0 30			»			»	»	»
(759)	336 1/2	N.-E.	199 00	»	14,931 50	10 00	0 50			»			»	»	»
A reporter			14,931 50	»						57			132 50		

Voir les observations, pages 226 et suivantes.

LECTURE DES INSTRUMENTS A CHAQUE STATION.								PRINCIPAUX VILLAGES.			COURS D'EAU, AQUEDUCS, ETC.				PRINCIPALES CULTURES SUR PIED et produits divers.
NUMÉRO d'ordre.	ANGLE de la visée avec l'aiguille aimantée, en grades.	DIRECTION de la visée.	DISTANCE entre les extrémités de la station, en mètres.	DISTANCE entre les extrémités de la station, en pas.	DISTANCE totale du point de départ.	HAUTEUR.	[illegible]	NOM en quoc-ngu.	NOM en caractères.	NOMBRE de cases.	NOM en quoc-ngu.	NOM en caractères.	LARGEUR.	PROFONDEUR.	
Report........................			14,931 50	»						57			132m50		
(760)	335 3/4	N.-E.	202 00	»	15,133 50	9m00	[illegible]			»			»	»	»
(761)	337 3/4	N.-E.	200 00	»	15,333 50	8 00	[illegible]	Village à gauche		»			»	»	»
(762)	339 1/2	N.-E.	196 00	»	15,529 50	8 00	[illegible]	»		»			»	»	»
(763)	328 1/2	E.-N.-E.	134 00	»	15,663 50	8 00	[illegible]	»		»			»	»	»
(764)	318	E.-N.-E.	204 00	»	15,867 50	9 00	[illegible]			»			»	»	»
(765)	317	E.-N.-E.	190 00	»	16,057 50	9 00	[illegible]			»			»	»	»
(766)	310	E.	205 00	»	16,262 50	4 00	[illegible]			»			»	»	»
(767)	310	E.	202 00	»	16,464 50	9 00	[illegible]			2			»	»	»
(768)	308 3/4	E.	199 00	»	16,663 50	8 00	[illegible]			»			»	»	»
(769)	311	E.	209 00	»	16,872 50	8 00	[illegible]			»			»	»	»
(770)	314 1/2	E.-N.-E.	195 00	»	17,167 50	6 00	[illegible]			»			»	»	»
(771)	316 1/2	E.-N.-E.	197 00	»	17,364 50	4 00	[illegible]			3			»	»	»
A reporter........................			17,364 50	»						62			132 50		

Voir les observations, pages 226 et suivantes.

LECTURE DES INSTRUMENTS A CHAQUE STATION.								PRINCIPAUX VILLAGES.			COURS D'EAU, AQUEDUCS, ETC.				PRINCIPALES CULTURES SUR PIED et produits divers.
NUMÉRO d'ordre.	ANGLE de la visée avec l'aiguille aimantée, en grades.	DIRECTION de la visée.	DISTANCE entre les extrémités de la station, en mètres.	DISTANCE entre les extrémités de la station, en pas.	DISTANCE totale du point de départ.	HAUTEUR.	La[illegible]	NOM en quoc-ngu.	NOM en caractères.	NOMBRE de cases.	NOM en quoc-ngu.	NOM en caractères.	LARGEUR.	PROFONDEUR.	
Report......			17,364 50	»						62			132m50		
(772)	317	E.-N.-E.	197 00	»	17,561 50	7m50	[illegible]			»			»	»	»
(773)	317	E.-N.-E.	198 00	»	17,759 50	7 00	[illegible]			»			»	»	»
(774)	318	E.-N.-E.	201 00	»	17,960 50	7 00	[illegible]	Village.		»			»	»	»
(775)	318	E.-N.-E.	205 00	»	18,165 50	6 50	[illegible]	»		»			»	»	»
(776)	321 1/2	E.-N.-E.	161 00	»	18,326 50	9 00	[illegible]	»		»			»	»	»
(777)	332	E.-N.-E.	164 00	»	18,490 50	6 00	[illegible]	»		»			»	»	»
(778)	333 1/2	E.-N.-E.	208 00	»	18,693 50	9 00	[illegible]			1			»	»	»
(779)	333 1/2	E.-N.-E.	203 00	»	18,901 50	7 00	[illegible]			»			»	»	Rizières.
(780)	335	E.-N.-E.	201 00	»	19,102 50	7 00	[illegible]			»			»	»	»
(781)	334 1/2	E.-N.-E.	150 00	»	19,261 50	8 00	[illegible]			»	Aqueduc.		»	»	»
(782)	352	N.-E.	204 00	»	19,465 50	6 00	[illegible]	Phu-luu.	芙蒥	»			»	»	»
(783)	354 1/2	N.-E.	197 00	»	19,662 50	4 50	[illegible]	»		»			»	»	»
A reporter......			19,662 50	»						63			132 50		

Voir les observations, pages 226 et suivantes.

LECTURE DES INSTRUMENTS A CHAQUE STATION.								PRINCIPAUX VILLAGES.			COURS D'EAU, AQUEDUCS, ETC.				PRINCIPALES CULTURES SUR PIED et produits divers.
NUMÉRO d'ordre.	ANGLE de la visée avec l'aiguille aimantée, en grades.	DIRECTION de la visée.	DISTANCE entre les extrémités de la station, en mètres.	DISTANCE entre les extrémités de la station, en pas.	DISTANCE totale du point de départ.	HAUTEUR.	LARGEUR.	NOM en quoc-ngu.	NOM en caractères.	NOMBRE de cases.	NOM en quoc-ngu.	NOM en caractères.	LARGEUR.	PROFONDEUR.	
Report.....................			19,662 50	»						63			132m50		
(784)	355 1/2	N.-E.	200 00	»	19,862 50	5m00	1m50	Phu-lau.		»			»	»	»
(785)	354 1/4	N -E.	102 00	»	19,964 50	6 00	1 50			7	Aqueduc.		»	»	»
(786)	338	N.-E.	200 00	»	20,164 50	7 00	1 00			1			»	»	»
(787)	338	N.-E.	218 00	»	20,382 50	7 50	1 00			»			»	»	Rizières.
(788)	333	E.-N.-E.	214 00	»	20,596 50	8 00	1 50			3			»	»	Briqueterie.
(789)	339 1/2	N.-E.	205 00	»	20,801 50	7 00	0 50			1			»	»	Rizières.
(790)	343 3/4	N.-E.	212 00	»	21,013 50	8 00	1 00			»			»	»	»
(791)	345	N.-E.	202 00	»	21,215 50	7 00	1 00			1			»	»	»
(792)	344 1/2	N.-E.	203 00	»	21,418 50	8 00	»			»			»	»	»
(793)	346 1/4	N.-E.	132 00	»	21,550 50	8 00	0 30			7			»	»	»
(794)	363 1/2	N.-E.	213 00	»	21,763 50	8 00	0 50			»			»	»	»
(795)	359	N.-E.	206 00	»	21,969 50	7 00	0 30			»			»	»	»
A reporter.....................			21,969 50	»						83			132 50		

Voir les observations, pages 226 et suivantes.

LECTURE DES INSTRUMENTS A CHAQUE STATION.								PRINCIPAUX VILLAGES.			COURS D'EAU, AQUEDUCS, ETC.				PRINCIPALES CULTURES SUR PIED et produits divers.
NUMÉRO d'ordre.	ANGLE de la visée avec l'aiguille aimantée, en grades.	DIRECTION de la visée.	DISTANCE entre les extrémités de la station, en mètres.	DISTANCE entre les extrémités de la station, en pas.	DISTANCE totale du point de départ.	HAUTEUR.	LARGEUR.	NOM en quoc-ngu.	NOM en caractères.	NOMBRE de cases.	NOM en quoc-ngu.	NOM en caractères.	LARGEUR.	PROFONDEUR.	
Report			21,900 50	»						83			132m50		
(796)	360	N.-E.	206 00	»	22,175 50	10m00	0m50			»			»	»	»
(797)	351 1/4	N.-E.	140 00	»	22,315 50	15 00	0 70			»			»	»	»
(798)	342	N.-E.	213 00	»	22,528 50	10 00	1 50			9			»	»	»
(799)	345 1/2	N.-E.	147 00	»	22,675 50	10 00	0 30			»			»	»	»
(800)	365 1/2	N.-E.	214 00	»	22,889 50	9 00	0 30			3			»	»	»
(801)	364 1/2	N.-E.	208 00	»	23,097 50	9 00	0 50			»			»	»	»
(802)	352	N.-E.	187 00	»	23,284 50	9 00	0 30			»			»	»	»
(803)	354	N.-E.	218 00	»	23,502 50	9 00	0 30			»			»	»	»
(804)	354 3/4	N.-E.	212 00	»	23,714 50	8 00	0 10			»			»	»	»
(805)	353 3/4	N.-E.	208 00	»	23,922 50	6 00	0 20			»			»	»	»
(806)	355 3/4	N.-E.	208 00	»	24,130 50	5 00	»			»			»	»	»
(807)	347	N.-E.	160 00	»	24,290 50	6 00	0 50			3			»	»	»
A reporter			24,290 50	»						98			132 50		

Voir les observations, pages 226 et suivantes.

LECTURE DES INSTRUMENTS A CHAQUE STATION.								PRINCIPAUX VILLAGES.			COURS D'EAU, AQUEDUCS, ETC.				PRINCIPALES CULTURES SUR PIED et produits divers.
NUMÉRO d'ordre.	ANGLE de la visée avec l'aiguille aimantée, en grades.	DIRECTION de la visée.	DISTANCE entre les extrémités de la station, en mètres.	DISTANCE entre les extrémités de la station, en pas.	DISTANCE totale du point de départ.	HAUTEUR.	LARGEUR.	NOM quoc-ngu.	NOM en caractères.	NOMBRE de cases.	NOM en quoc-ngu.	NOM en caractères.	LARGEUR.	PROFONDEUR.	
Report			24,290 50	»						98			132ᵐ50		
(808)	345	N.-E.	204ᵐ00	»	24,494 50	6ᵐ00	0ᵐ[illegible]			9			»	»	»
(809)	343 1/2	N.-E.	198 00	»	24,680 50	8 00	0 [illegible]			»			»	»	»
(810)	347 3/4	N.-E.	207 00	»	24,806 50	6 00	0 [illegible]			»			»	»	»
(811)	347 1/2	N.-E.	210 00	»	25,106 50	9 00	0 [illegible]			»			»	»	»
(812)	349	N.-E.	204 00	»	25,310 50	9 00	0 [illegible]			»			»	»	»
(813)	350 3/4	N.-E.	207 00	»	25,517 50	9 00	0 [illegible]			»			»	»	»
(814)	351 1/2	N.-E.	103 00	»	25,620 50	6 00	0 [illegible]			»			»	»	»
(815)	351	N.-E.	67 50	»	25,688 00	4 00	»			»	Aqueduc.		0 60	»	»
(816)	351	N.-E.	64 50	»	25,749 50	3 00	»	Bac-ninh.	北寧	»			»	»	»
(817)	350 1/2	N.-E.	68 00	»	25,817 50	7 00	»	»		»			»	»	»
(818)	351 1/2	N.-E.	68 00	»	25,885 50	7 00	»	»		»			»	»	»
(819)	350	N.-E.	30 00	»	25,915 50	7 00	»	»		»			»	»	»
(820)	39	N.-E.	67 00	»	25,982 50	7 00	»	»		»			»	»	»
A reporter			25,982 50	»						107			133 10		

Voir les observations, pages 220 et suivantes.

LECTURE DES INSTRUMENTS A CHAQUE STATION.								PRINCIPAUX VILLAGES.			COURS D'EAU, AQUEDUCS, ETC.				PRINCIPALES CULTURES SUR PIED et produits divers.
NUMÉRO d'ordre.	ANGLE de la visée avec l'aiguille aimantée, en grades.	DIRECTION de la visée.	DISTANCE entre les extrémités de la station, en mètres.	DISTANCE entre les extrémités de la station, en pas.	DISTANCE totale du point de départ.	HAUTEUR.	LARG[EUR]	NOM [en] quoc-ngu.	NOM en caractères.	NOMBRE de cases.	NOM en quoc-ngu.	NOM en caractères.	LARGEUR.	PROFONDEUR.	
Report........................			25,982 50	»						107			133m10		
(821)	337 3/4	N.-E.	68 50	»	26,051 00	7m00	»	Bac-ninh.		»			»	»	»
(822)	335 1/2	E.-N.-E.	71 00	»	26,122 00	7 00	»	»		»			»	»	»
(823)	343 1/2	N.-E.	73 00	»	26,195 00	7 00	»	»		»			»	»	»
(824)	351 1/4	N.-E.	71 50	»	26,266 50	7 00	»	»		»			»	»	»
(825)	347 3/4	N.-E.	71 50	»	26,338 00	7 00	»	»		»			»	»	»
(826)	346 1/2	N.-E.	70 00	»	26,408 00	7 00	»	»		»			»	»	»
(827)	345 1/2	N.-E.	72 00	»	26,480 00	7 00	»	»		»			»	»	»
(828)	344 1/2	N.-E.	60 00	»	26,540 00	7 00	»	»		»			»	»	»
(829)	346	N.-E.	66 00	»	26,615 00	7 00	»	»		»			»	»	»
(830)	345	N.-E.	47 50	»	26,662 50	3 00	»			»			»	»	»
(831)	345	N.-E.	149 00	»	26,811 50	3 00	1m[illegible]			»			»	»	»
(832)	345 1/4	N.-E.	142 00	»	26,953 50	3 50	0 8[illegible]			»			»	»	Rizières.
(833)	345 1/2	N.-E.	213 00	»	27,166 50	3 50	1 70 à [illegible] 0 80 à [illegible]			9			»	»	»
A reporter........................			27,166 50	»						116			133 10		

Voir les observations pages 226 et suivantes.

LECTURE DES INSTRUMENTS A CHAQUE STATION.								PRINCIPAUX VILLAGES.			COURS D'EAU, AQUEDUCS, ETC.				PRINCIPALES CULTURES SUR PIED et produits divers.
NUMÉRO d'ordre.	ANGLE de la visée avec l'aiguille aimantée, en grades.	DIRECTION de la visée	DISTANCE entre les extrémités de la station, en mètres.	DISTANCE entre les extrémités de la station, en pas.	DISTANCE totale du point de départ.	HAUTEUR.	Larg[illegible]	NOM en quoc-ngu.	NOM en caractères.	NOMBRE de cases.	NOM en quoc-ngu.	NOM en caractères.	LARGEUR.	PROFONDEUR.	
Report.			27,166 50	»						116			133m10		
(834)	345 1/2	N.-E.	209 00	»	27,375 50	9m00	[illegible]			»			»	»	»
(835)	345	N.-E.	209 00	»	27,584 50	5 00	[illegible]			»			»	»	»
(836)	334 1/4	E.-N.-E.	205 00	»	27,789 50	6 00	[illegible]			»			-	»	»
(837)	335	E.-N.-E.	134 00	»	27,923 50	9 00	[illegible]			»			»	»	»
(838)	330	N.-E.	118 00	»	28,041 50	6 00	[illegible]			»			»	»	»
(839)	331	E.-N.-E.	137 00	»	28,178 50	7 00	[illegible]			»			»	»	»
(840)	326	E.-N.-E.	110 00	»	28,288 50	8 00	[illegible]			2			»	»	»
(841)	342 1/4	N.-E.	180 00	»	28,468 50	8 00	[illegible]			»			»	»	»
(842)	329	E.-N.-E.	98 50	»	28,567 00	8 00	[illegible]			»			»	»	»
(843)	310 1/4	E.	203 00	»	28,770 00	9 00	[illegible]			»			»	»	»
(844)	311	E.	202 00	»	28,972 00	9 00	[illegible]	Village.		»			»	»	»
(845)	300 1/4	E.	136 00	»	29,108 00	10 00	[illegible]	»		»			»	»	»
(846)	295 1/2	E.	175 00	»	29,283 00	10 00	[illegible]	Village.		»			»	»	»
A reporter.			29,283 00	»						118			133 10		

Voir les observations, pages 226 et suivantes.

LECTURE DES INSTRUMENTS A CHAQUE STATION.									PRINCIPAUX VILLAGES.			COURS D'EAU, AQUEDUCS, ETC.				PRINCIPALES CULTURES SUR PIED et produits divers.
NUMÉRO d'ordre.	ANGLE de la visée avec l'aiguille aimantée, en grades.	DIRECTION de la visée.	DISTANCE entre les extrémités de la station, en mètres.	DISTANCE entre les extrémités de la station, en pas.	DISTANCE totale du point de départ.	HAUTEUR.	LAR[illegible]	NOM en quoc-ngu.	NOM en caractères.	NOMBRE de cases.	NOM en quoc-ngu.	NOM en caractères.	LARGEUR.	PROFONDEUR.	
Report			29,283 00	»						118			133m10		
(847)	302 1/3	E.	124 00	»	29,407 00	10m00	[illegible]	Village.		»			»	»	
(848)	305 1/2	E.	202 00	»	29,609 00	10 00	[illegible]	»		»			»	»	»
(849)	333 1/4	E.-N.-E.	88 00	»	29,697 00	9 00	[illegible]			»			»	»	»
(850)	360 1/4	N.-E.	108 50	»	29,805 50	8 00	[illegible]			»			»	»	Mûriers et rizières.
(851)	391 1/4	N.	137 00	»	29,942 50	7 00	[illegible]			»			»	»	»
(852)	380 1/2	N.	149 00	»	30,091 50	7 00	[illegible]			»			»	»	»
(853)	363	N.-N.-E.	206 00	»	30,297 50	6 00	[illegible]			»			»	»	»
(854)	364 1/2	N.-N.-E.	157 00	»	30,454 50	6 00	[illegible]			»			»	»	»
(855)	385	N.-N.-E.	80 50	»	30,535 00	9 00	[illegible]	Thap-cau.	答捄	»			»	»	»
(856)	366 1/2	N.-N.-E.	80 00	»	30,615 00	6 00	[illegible]	»		»			»	»	»
(857)	373	N.-N.-E.	95 00	»	30,710 00	6 00	[illegible]	»		»			»	»	»
(858)	383	N.-N.-E.	78 50	»	30,788 50	6 00	[illegible]	»		»			»	»	»
(859)	388 1/2	N.	162 00	»	30,950 50	»	[illegible]			»	Cau-giang.	捄江	162 00	8m20	»
Totaux			30,950 50	»						118			295 10		

Voir les observations, pages 226 et suivantes.

OBSERVATIONS.

DE HÀ-NỘI A BẮC-NINH.

(676) Cette station, faite sur le sommet de la digue et sur le palier carrelé, constaté comme point d'arrivée de la route de Hải-phòng à Hà-nội, doit être aussi considéré comme point de départ de la route de Hà-nội à Bắc-ninh.

Répétons aussi qu'une distance de 116 mètres nous sépare du Sông-ca, auquel on accède par une route en pente douce de 8 mètres de largeur et formant un angle de 131 grades.

La digue aboutissant à ce palier se continue dans une direction N. N. E., pour revenir parallèlement à la route et s'en maintenir à une distance de 500 mètres environ.

De ce palier, un escalier en mauvais état, dont les marches sont en carreaux et les contre-marches en briques, suit la pente du talus droit de la digue et donne accès aux terrains inférieurs.

Nous descendons cet escalier, abandonnant la digue pour suivre la route qui a 5 mètres de largeur et un exhaussement sur les terrains avoisinants de 30 centimètres.

(677) La route a toujours la même largeur; à droite, sont des rizières, on y voit quelques tombeaux; à gauche, haies en bambous formant défense à un village.

(678) Passé un aqueduc voûté de 50 centimètres, avec murs de tête, puis un escalier dans les deux sens formant à la partie supérieure un palier carrelé; à droite et à gauche, rizières.

(679) Passé un aqueduc voûté de 80 centimètres, avec murs de tête; nous avons toujours la digue d'environ 6 mètres de hauteur sur notre gauche; mais elle s'infléchit brusquement en faisant un angle sur sa première direction, cet écart pouvant avoir 300 mètres de longueur, puis elle reprend la direction N. N. E., longeant presque parallèlement la route que nous suivons à une distance de 500 mètres environ.

(680) A droite, en arrivant à la station suivante, petit bouquet de bambous; à droite et à gauche, rizières.

(681) Sans observation; à droite et à gauche, rizières.

(682) Sur la route et sur chacun de ses côtés, une emprise de 2 mèt. 75 cent. de large est occupée par les semis de riz; ce n'est pas la seule fois que nous ayons constaté le sans-gêne des propriétaires riverains; à droite et à gauche, rizières.

A cet endroit, un đội, à la tête d'une douzaine d'hommes envoyés par le gouverneur de Bắc-ninh, nous rejoint pour nous faire escorte. Nous faisons marcher devant ces quelques déguenillés, vêtus de loques rouges et armés de lances en bambous de 3 mètres de hauteur environ.

(683) Sans observation; rizières à droite et à gauche.

(684) *Idem.*

(685) Dans toutes les directions, villages entourés de leurs haies de bambous; rizières à droite et à gauche.

(686) Sans observation.

(687) *Idem.*

(688) La route n'existe plus en réalité que sur une largeur de 4 mètres, deux emprises latérales de chacune de 2 mètres de largeur étant occupées par les semis de riz; à droite et à gauche, rizières.

(689) La route est coupée en plusieurs endroits pour faciliter l'écoulement des eaux des rizières; toujours rizières des deux côtés.

(690) Villages à gauche et à droite, avec leurs haies de bambous dont les cases entourent toujours les pagodes couvertes en tuiles.

(691) Passé un aqueduc dallé; rizières à droite et à gauche.

(692) Sans observation; rizières à droite et à gauche.

(693) Sans observation; rizières à droite et à gauche. A gauche, à 300 mètres de la route, la digue tourne brusquement vers l'Est et se rapproche de nous sensiblement.

(694) Sans observation; rizières des deux côtés.

(595) Station sur la digue coupant la route et se continuant vers l'Est par 289 grades; elle a en cet endroit 3 mèt. 50 cent. de large, 4 mètres de haut, et les talus à 45°; elle se continue ainsi sur une longueur de 650 mètres et tourne vers le S. S. E. sur une longueur de 700 mètres, pour reprendre la direction Est. Vers le milieu de la partie obliquant dans le S. S. E., une brèche existe sur une centaine de mètres de longueur.

(696) Nous sommes sur un aqueduc de 2 mètres d'ouverture fait en briques, déversant un peu d'eau vers la digue.

(697) Sans observation.

(698) La route est en assez mauvais état, les terres sont assez sablonneuses.

(699) Sans observation; rizières à droite et à gauche.

(700) *Idem.*

(701) *Idem.*

(702) A droite, des nénuphars; sur la gauche, parmi les rizières, on aperçoit quelques plantations de patates et de ricins; la nature de ces cultures prouve que ces terrains sont sablonneux.

(703) Terre très sablonneuse; à droite, des nénuphars; à gauche, plantations de patates; des deux côtés, rizières à perte de vue.

(704) Groupe d'une vingtaine de cases sur la gauche; à droite, espèce de petit lilas; des deux côtés, rizières.

(705) Sans observation.

(706) Station sur le sommet de la digue qui défend les champs contre le débordement du Thiên-đức-giang, désigné sur les cartes de la marine sous le nom de canal de Bắc-ninh ou des Rapides. Cette digue, qui a 2 mètres de largeur en couronne sur 3 mètres de hauteur et ses talus à 45°, se dirige à gauche, vers l'Ouest, sous un angle 93 1/2 grades et se prolonge en ligne droite sur 1 kilomètre environ, pour s'infléchir ensuite vers l'O. S. O.; à droite, elle se continue vers l'Est sous un angle de 291 grades en alignement sur environ 1,500 mètres, puis s'infléchit vers le S. S. E. Les eaux de ce fleuve courent de l'Ouest à l'Est avec une vitesse de 4 à 5 nœuds.

Les sondages nous ont donné à .	25m	50m	75m	100m	114m	128m	142m	167m	192m
Une profondeur de............	0m50	1m70	2m30	5m	7m	6m	4m	2m	0m50

Il est bon de faire remarquer que nous traversons ce fleuve après une crue de 2 mètres et que par suite, en saison sèche et eu égard à l'obliquité de la route, sa largeur doit se trouver réduite à environ 75 mètres, la passe se trouvant sur la rive gauche. En cette saison, il ne serait pas prudent de faire descendre des jonques par ce chemin sans allonger de fortes amarres et de filer les jonques à rebours, au moins dans les coudes, les chaloupes ne remontant que difficilement le courant.

(707) Nous sommes sur la digue de la rive gauche du fleuve que nous avons traversé sur des bacs, toujours les mêmes, avant et arrière carrés, entièrement en lames de bambous tressées, puis enduites d'un mélange d'huile et de résine. La case du passeur en dedans du fleuve est inondée, ne laissant émerger que son toit en chaume; les quelques planches servant de lit, où grouillent gens et bêtes, font ressembler le tout à une niche à chien. Au pied de la digue, quelques mares à nénuphars, plus loin quelques cases au milieu des rizières. Nous sommes sur le territoire du village de Thanh-an, canton de Đặng-xá, huyện de Gia-lâm, phủ de Thuận-thanh.

(708) Rizières des deux côtés ; quelques cases disséminées.

(709) *Idem.*

(710) Les rizières s'étendent des deux côtés; nous distinguons sur la gauche quelques champs de ramie.

(711) *Idem.*

(712) Un petit chemin de 50 centimètres de largeur, se détachant vers la droite, nous conduit à une pagode où nous faisons halte pour déjeuner. Cette pagode, aussi vieille que pauvre, est orientée N. E. S. O.; c'est la seule que nous ayons rencontrée dont la façade principale ne soit pas orientée

plein Nord. Quelques beaux banians en ombragent la façade délabrée. Nous sommes sur le territoire du sở de Kim-quan (sở ayant un simili-équivalent dans le mot français paroisse), canton de Gia-thoại, mêmes huyện et phủ que le village précédent; ce sở est sous l'autorité d'un hương-dịch. Nous avons remarqué dans cette pagode une belle cloche et un gros grelot, le tout en bronze ornementé.

(713) En partant de la pagode, nous remarquons sur la droite de la route un petit fossé de 1 mètre en gueule et de 70 centimètres de profondeur, où nous trouvons 20 centimètres d'eau; quelques aqueducs y sont construits pour permettre aux piétons d'accéder aux sentiers conduisant aux habitations.

(714) Rizières des deux côtés de la route. Nous avons passé une grosse dalle informe en grès. La route vers Bắc-ninh ne nous offre plus ces belles dalles ouvragées en calcaire (marbre carbonifère) que nous avons vues jusqu'à Hà-nội, le transport en devenant trop coûteux.

(715) Rizières des deux côtés de la route; au loin, quelques villages entourés de la haie en bambous traditionnelle. Sur la gauche, maison de refuge recouverte en tuiles, avec piliers en maçonnerie.

(716) Les rizières s'étendent à perte de vue sur les deux côtés de la route. A partir de cet endroit, la route a été rechargée de 1 mètre en hauteur sur environ 50 centimètres de largeur, mais les terres n'ayant pas été régalées, les mottes non brisées offrent un relief peu réjouissant lorsque la pluie, qui a commencé à tomber depuis notre départ, a rendu leurs surfaces glissantes; ajoutez à cela la préoccupation de voir l'instrument et son propriétaire se projeter en plan au milieu de cette boue et on n'aura pas de peine à croire que nous déplorions l'incurie des fonctionnaires annamites, dont l'abandon de ce travail devait provenir d'un changement de corvée.

(717) Rizières des deux côtés; sur la droite, nous apercevons une pagode devant un village.

(718) Rizières des deux côtés; sur la droite, le fossé que nous avons constaté depuis notre départ de la pagode vient se perdre en cet endroit. De ce point et jusqu'à la digue que nous avons devant nous, la route continue à être en mauvais état, changeant son relief entre deux stations consécutives; c'est bien décidément un travail commencé, mais complètement abandonné.

(719) Rizières des deux côtés de la route.

(720) *Idem.*

(721) *Idem.*

(722) Nous sommes ici sur le sommet d'une digue dont les talus abrupts ne sont pas faits pour aider les piétons par ce temps de pluie; elle a 2 mètres de hauteur et 5 mètres de largeur en couronne, avec une direction N. O. S. E. par 245 grades. Une autre digue parallèle à celle-ci et de mêmes dimensions, sensiblement construite au milieu de la visée, donne accès à une pagode édifiée sur la gauche.

(723) Station sur une troisième digue parallèle aux deux autres, mais qui, s'infléchissant à une distance de 250 à 300 mètres à droite et à gauche, va rejoindre la deuxième digue; celle-là a une hauteur de 6 mètres et une largeur de 4 mètres. Un escalier, dont il ne reste plus que des débris sur le versant S. O., sollicite le piéton vers la position en plan, tandis que sur le versant N. E. un escalier en très bon état, avec marches en carreaux et contre-marches en briques, aide le piéton à descendre vers la route. Au bas du talus, un groupe d'une vingtaine de cases, avec maison de refuge couverte en tuiles. Ces digues sont les dernières barrières opposées à une crue extraordinaire, mais possible, du canal des Rapides.

(724) Rizières à perte de vue.

(725) Nous ne constatons plus de ces nombreux édicules servant d'autel aux dieux protecteurs de l'agriculture; c'est évidemment un signe de la pauvreté de la population, qui ici, vu la nature du sol, ne peut cultiver que la rizière, tandis qu'entre Hải-phòng et Hà-nội, les terrains sablonneux leur permettent de faire des cultures riches et la rizière dans une même année, ainsi que cela a lieu sur la plupart de nos giồng de la Basse-Cochinchine.

(726) Rizières des deux côtés; villages entourés de bambous.

(727) *Idem.*

(728) *Idem.*

(729) *Idem.*

(730) *Idem.*

(731) Des deux côtés de la route, de nombreux tombeaux sont disséminés avec le désordre habituel des champs de repos asiatiques, chaque famille creusant la tombe à sa guise; nous n'avons remarqué ni édicules en maçonnerie, ni même d'inscriptions. Partout le simple relief d'un demi-cylindre coupé suivant sa génératrice, ne montrant à l'œil que les lits réguliers des mottes de terre arrimées parallèlement comme des briquettes.

(732) Rizières des deux côtés.

(733) Station devant une pagode située sur la gauche, à 40 mètres dans les terres. La route est bordée des deux côtés, sur une centaine de mètres environ, par une série de maisons couvertes en tuiles, avec piliers en maçonnerie, servant de marché et de refuge; nous retrouvons les marchands d'aliments chauds et apprêtés.

(734) Rizières des deux côtés. Nous avons passé une grosse dalle informe, en grès, pouvant permettre l'écoulement des eaux d'un côté de la route vers l'autre. Nous constatons que la quantité d'eau stagnante dans les champs est à peine suffisante pour permettre le labourage.

(735) La route est ici rechargée de 25 centimètres de hauteur sur 4 mètres de largeur; toujours des travaux abandonnés à peine commencés. Le profil de la route est bon depuis la digue; une petite herbe y pousse avec vigueur et facilite la marche.

(736) Rizières des deux côtés. Un chemin de 1 mèt. 50 cent. de largeur se détache à droite de la route par 317 grades, pour desservir quelques gros villages cachés derrière leurs bambous.

(737) Rizières des deux côtés.

(738) Rizières des deux côtés ; sur la gauche, une maison de refuge.

(739) Rizières des deux côtés ; villages à droite et à gauche.

(740) Rizières des deux côtés.

(741) Rizières des deux côtés ; sur la gauche, à environ 200 mètres, un gros village dont une trentaine de toitures en tuiles attirent les regards par leur couleur rouge ; naturellement, l'inévitable pagode figure en tête.

(742) Rizières des deux côtés.

(743) Rizières des deux côtés ; nous passons devant un autel en terre occupant la moitié de la route ; les offrandes déposées sont bien maigres.

(744) Rizières des deux côtés.

(745) *Idem.*

(746) *Idem.*

(747) *Idem.*

(748) Nous sommes sur le seuil de la porte du village où nous devons passer la nuit. Le village est entouré et défendu par deux talus en terre de 1 mèt. 50 cent. de hauteur environ, plantés de bambous ; entre ces deux talus, coule un ruisseau qui peut avoir 3 mètres de largeur ; enfin, en dedans de ceux-là, une forte haie en bambous. Les portes du village sont en bambous secs avec herses aussi en bambous. On s'aperçoit que nous approchons de la région où les Chinois sont les maîtres et où leurs bandes pillardes peuvent opérer sans crainte des mandarins indigènes ; la population commence à prendre quelques précautions contre le pillage.

(749) Nous plantons le dernier jalon de la journée devant la maison commune, où nous ne sommes pas fâchés d'arriver, car la nuit est proche et la pluie redouble de violence ; ce sont aussi ces deux raisons qui nous ont fait rapprocher les visées, car la lecture sur la mire devenait fatigante. L'installation est assez piètre dans la maison commune du village de Lang-giang 𣹓江 canton de Nội-y 内裔 huyện de Tiên-du 仙遊 phủ de Từ-sơn 慈山

Le phủ arrive en palanquin, précédé de son parasol et escorté de quelques soldats, les uns armés de lances et les autres portant des torches dont la flamme résiste difficilement à cette pluie battante. Il s'excuse de ne pas s'être trouvé à notre arrivée, mais il ne m'attendait pas aussitôt et a été tout surpris lorsque les soldats de notre escorte sont venus le prévenir que nous les suivions de près. Il nous invite à transporter notre matériel chez lui, où tout est préparé pour nous recevoir. Vu le temps épouvantable qu'il fait dehors, je refuse, mais il insiste pour que j'accepte son offre, ayant reçu, dit-il, des instructions spéciales du gouverneur de Bắc-ninh. Lui ayant répondu que nous étions fatigués et que le temps était peu engageant, il fit venir des montagnes de bananes et d'œufs, insistant pour que nous acceptions au moins quelque chose, craignant qu'au cas où nous ne prendriions rien, nous ne soyons fâchés et fassions contre lui un rapport défavorable au gouverneur de Bắc-ninh.

On sort des armoires les grands chandeliers en bois laqué rouge et or, d'une hauteur de 80 centimètres, sur lesquels on fiche quelques mauvaises chandelles qui vont éclairer la maison, afin que les veilleurs de nuit soient tenus en éveil.

Depuis la digue jusqu'à Bắc-ninh, des tentatives de plantations d'arbres ont été faites, mais malheureusement sans succès : presque tous sont morts, les plus vivaces atteignent à peine 1 mètre de hauteur; dans la traversée du village, ils ont pourtant une hauteur de 5 mètres. Ces plantations sont défendues par un petit mur circulaire en terre de 50 centimètres de hauteur, le quart de la circonférence regardant la rizière restant ouvert, afin de permettre l'écoulement des eaux pluviales. Ces plantations ont été tentées des deux côtés de la route, leur espacement étant de 8 à 10 mètres.

Ce village est considéré par les indigènes comme le milieu de la route de Hà-nội à Bắc-ninh; chacun s'y arrête au moins un moment. C'est un relai de poste nommé Bắc-liên-trạm.

(750) Jeudi 20 juillet 1882, traversée du village: hangars couverts en tuiles servant de marché, pagodes; plus loin, sur la droite, nombreuses paillottes; sur la gauche, le village a à peine 10 mètres de profondeur.

(751) Traversé le village.

(752) Porte de sortie du village défendue par ses fossés et haies.

(753) Rizières des deux côtés.

(754) *Idem.*

(755) Rizières des deux côtés, quelques paillottes à gauche; à droite, pagode et deux maisons de refuge couvertes en tuiles.

(756) Rizières des deux côtés.

(757) *Idem.*

(758) *Idem.*

(759) Rizières des deux côtés; nous passons sur une dalle informe en grès. Quelques collines sont visibles sur la droite, à divers plans; les plus rapprochées semblent être à 1,500 mètres environ; peu de végétation.

(760) Rizières des deux côtés. Villages avec pagode sur la gauche.

(761) *Idem.*

(762) Rizières des deux côtés. Villages avec pagode sur la gauche.

(763) Rizières des deux côtés; sur la droite, porte d'entrée monumentale en plein cintre, donnant accès dans une cour plantée d'arbres, au milieu desquels six bâtiments sont élevés au culte. A gauche, hangars couverts en tuiles servant de marché et de refuge.

(764) Rizières des deux côtés.

(765) Rizières des deux côtés; la route a été rechargée de 30 centimètres de hauteur sur une largeur de 1 mèt. 70 cent. Sur la gauche et à environ 250 mètres, un mamelon composé de terres et de débris de grès rouge attire les regards; il affecte la forme d'un cône de 80 mètres de base et de 15 mètres de hauteur. De gros blocs de grès apparaissent à sa surface, parmi quelques arbres assez malingres.

(766) Route rechargée de 50 centimètres sur 1 mèt. 30 cent. de largeur.

(767) Maison de refuge à droite et à gauche de la route, mais à 200 et 300 mètres dans les champs.

(768) Rizières des deux côtés.

(769) *Idem.*

(770) *Idem.*

(771) Route rechargée de 80 centimètres sur 2 mètres de largeur. Nous passons de grosses dalles informes servant de pont. A gauche, pagode et, sur le bord de la route, deux maisons de refuge en mauvais état.

(772) Rizières des deux côtés. A droite, la route se rapproche des collines, qui n'en est plus éloignée que de 500 mètres environ. Plusieurs plans de collines bouchent complètement l'horizon.

(773) Rizières des deux côtés.

(774) Rizières des deux côtés; à gauche et à 50 mètres, une porte maçonnée en plein cintre, à l'alignement d'une forte haie de bambous, donne accès à un gros village; on aperçoit les toits de nombreuses pagodes. Sur le bord de la route, marché et maisons de refuge couverts en tuiles, en bon état.

(775) Continuation du village sur la gauche.

(776) *Idem.*

(777) Fin du village à gauche.

(778) A droite, maison de refuge; à gauche, quelques paillottes servent de marché; nombreux bâtiments réservés au culte. La route se maintient toujours à la même distance des collines; la plus rapprochée de nous a environ 50 mètres de hauteur, couronnée par quelques arbres poussant péniblement : les indigènes la désignent sous le nom de Trà-sơn 茶山 vulgairement Núi-chê.

(779) Rizières.

(780) Route rechargée de 20 centimètres sur 4 mèt. 50 cent. de largeur.

(781) Nous passons sur une dalle en calcaire (marbre). A gauche, grande pagode avec autel et son arbre tutélaire où les débris d'instruments ménagers sont déposés.

(782) A partir de la station précédente, la route, barrée dans toute sa largeur par un talus en terre, passe entre deux haies de bambous éloignées de 15 à 20 mètres. Nous sommes au village de Phù-lưu 芙留 canton de Phù-lưu, huyện de Đông-ngạn 東岸 résidence d'un chef de canton. Le village doit être riche, à en juger par le nombre de pagodes et d'édicules édifiés; la population semble redouter de plus en plus les pillards; les mesures prises pour la défense l'indiquent suffisamment. En nous rapprochant de Bắc-ninh, nous verrons la route coupée à intervalles inégaux par des fossés de 75 centimètres de section, qui, s'ils ne sont pas suffisants pour arrêter une troupe, le sont assez pour ralentir sa marche, permettant ainsi aux villages de se rassembler.

(783) La route se continue entre les haies de bambous.

(784) Entre ces deux stations, à 50 mètres de celle-ci, se détache sur la droite un chemin conduisant à deux petits mamelons que les indigènes nomment Hông-ân-sơn 紅恩山 Ce chemin, d'environ 220 mètres de longueur, est bordé de nombreux hangars, les uns couverts en tuiles, les autres en paillottes, pouvant servir d'abri à une foule nombreuse, et vient aboutir au pied et entre les deux monticules. Sur chacun de ces monticules et à leur sommet, un grand mur quadrangulaire, de 1 mèt. 70 cent. de hauteur environ, entoure quelques constructions qui servent de tombeaux à deux mandarins. Dans le thalweg, se trouvent d'autres constructions aussi enceintes de murs, sous l'ombrage de grands arbres; ces constructions servent de bonzerie à des femmes qui se sont constituées gardiennes des tombeaux. Ce gardiennage est d'ailleurs plus platonique qu'effectif, sachant que les Annamites n'ont guère que le culte des ancêtres et que, par suite, il n'y a jamais à redouter la violation des tombes ou des monuments y afférents.

(785) Nous passons sur une grosse dalle en calcaire.

(786) Sur la droite, grande pagode; à gauche, quelques paillottes.

(787) Rizières.

(788) Route rechargée de 50 centimètres sur 2 mèt. 50 cent. de largeur. A droite, deux grandes pagodes avec maison de refuge; à gauche, maison de refuge et four à briques pour fournir les matériaux des nombreuses constructions que nous voyons édifiées dans cette région. Disons en passant que les indigènes se servent souvent de la brique séchée au soleil, reconnaissable

à sa couleur jaune, mais ayant néanmoins une grande dureté. Ils l'emploient pour les murs de clôture et souvent aussi pour les murs extérieurs des pagodes. Le bois, rare et cher, explique cette manière de procéder.

(789) Route rechargée de 40 centimètres sur 5 mètres de largeur; à droite et à gauche, quelques édicules disséminés dans les rizières; à gauche, maison de refuge.

(790) Route rechargée de 60 centimètres sur 4 mètres de largeur; fours à briques et tuiles sur la droite.

(791) Route rechargée de 60 centimètres sur 2 mètres de largeur; grande pagode à droite à 200 mètres.

(792) Route rechargée une première fois de 30 centimètres sur 6 mètres de largeur et une seconde fois au-dessus de 75 centimètres sur 1 mèt. 75 cent. de largeur. A gauche et à droite, pagodes et édicules.

(793) Route rechargée de 90 centimètres sur 2 mèt. 40 cent. de largeur.

(794) A gauche, maison de refuge et quelques paillottes; un peu plus loin, nombreux bâtiments de pagode.

(795) Route rechargée de 60 centimètres sur 5 mètres de largeur.

(796) Route rechargée de 70 centimètres sur 3 mètres de largeur.

(797) Les rizières s'étendent toujours au loin, des deux côtés de la route.

(798) Les rizières s'étendent toujours au loin des deux côtés; sur la droite, quelques paillottes avec maison de refuge, petite briqueterie.

(799) Rizières à droite et à gauche.

(800) Rizières à droite et à gauche; à droite, pagode et refuge.

(801) Route rechargée sur l'accotement gauche de 60 centimètres sur 3 mètres de largeur.

(802) Route rechargée sur l'accotement gauche de 1 mèt. 50 cent. sur 1 mètre de largeur.

(803) Route rechargée sur l'accotement gauche de 1 mèt. 50 cent. sur 1 mètre de largeur.

(804) *Idem.*

(805) Route rechargée sur l'accotement gauche de 1 mèt. 50 cent. sur 2 mètres de largeur.

(806) Route rechargée sur l'accotement gauche de 1 mètre sur 2 mètres de largeur.

(807) Route rechargée de 30 centimètres sur 3 mètres de largeur; à droite et à gauche, quelques paillottes servant de marché.

(808) Route rechargée de 30 centimètres sur 3 mètres de largeur; à 200 mètres sur la gauche, grande pagode et ses nombreux bâtiments annexes avec un mur d'enceinte en pisé de 80 mètres sur 40 mètres.

(809) La route est bordée, depuis la station précédente, par une haie en bambous défendant un village. A gauche, champ surélevé, défendu par une balustrade en maçonnerie, consacré à l'agriculture, où le plus haut mandarin devrait donner le premier coup de charrue de l'année, afin de prouver au peuple que les travaux des champs ne font pas déchoir l'homme, mais l'enrichissent. Hélas! le souvenir existe seul. Ces champs consacrés se trouvent aux quatre points cardinaux des résidences, où se trouve un représentant élevé de l'autorité royale. Notons, par pure curiosité, que celui-ci est ombragé par des sapins encore jeunes.

(810) Route rechargée de 30 centimètres sur 3 mètres de largeur; sur les collines que nous avons toujours à notre droite, quelques pagodes y sont édifiées. Sur la droite, nous relevons la tour de la citadelle de Bắc-ninh par 360 1/2 grades.

(811) Route rechargée de 30 centimètres sur 2 mèt. 50 cent. de largeur.

(812) Route rechargée de 40 centimètres sur 2 mèt. 75 cent. de largeur.

(813) Route rechargée de 30 centimètres sur 3 mètres de largeur.

(814) Des deux côtés de la route, plaine de tombeaux au-delà des rizières. La tour de la citadelle est visible par 378 grades. Tous ces terrains sont assez sablonneux, le sable passe par des variations de couleurs depuis le jaune terreux jusqu'au blanc éclatant. Constatons aussi l'usage très répandu de la brouette creusant plus profonde les ornières le long de la route; les deux paniers en balance pour porter les charges sont néanmoins le moyen le plus usuel.

(815) Station sur un aqueduc voûté en briques de 60 centimètres d'ouverture. Devant nous, une mare qui empêche l'accès direct de la porte, défendue d'ailleurs par un mur en pisé de 2 mètres de hauteur. Nous prenons un chemin boueux de 2 mètres et de 69 mètres de longueur par 304 grades, puis nous tournons brusquement à gauche avec un angle de 45° pour nous trouver au point de mire de la visée situé sur le seuil de la porte. Un renflement extérieur du mur de défense de la porte forme une petite place de 10 mètres de côté où le pied entre à l'aise dans la boue jusqu'au-dessus de la cheville.

(816 à 829) Bắc-ninh 北寧 chef-lieu de la province de ce nom. Nous sommes sur le seuil d'une arche en plein cintre soutenant un mirador. Cette baie se ferme au moyen d'une porte massive à 2 vantaux de 3 mètres de largeur, en forts madriers. L'escorte qui, comme toujours, nous précédait, ne voulant pas nous en embarrasser, était allée annoncer notre arrivée au gouverneur. Les indigènes ne manquèrent pas de faire un peu de représentation et l'ordre fut donné de fermer la porte. La route étant très droite, nous

pouvions distinguer de très loin, au moyen de la lunette, les allées et venues des soldats impuissants à refouler la foule envahissant le mirador. On a accès au mirador par un escalier situé à droite et à l'intérieur. Cette partie maçonnée s'arrête brusquement pour n'être continuée que par un mur en pisé qui entoure toute la ville. Enfin, lorsque nous étions en station sur l'aqueduc noté à la station précédente, la porte fut ouverte et un lãnh binh, précédé de son parasol et de son porte-glaive, vint nous annoncer que des logements étaient préparés par ordre du gouverneur et qu'il était mis à notre disposition. Et nous voilà essayant de marcher processionnellement au milieu des escortes réunies (la nôtre et la sienne), plus embarrassantes qu'utiles.

Nous n'avons pas encore rencontré curiosité semblable ; une foule compacte dont il était absolument impossible de se débarrasser, grossissant à chaque pas de curieux distancés et qui continuaient à nous suivre.

Voulant absolument continuer nos opérations, nous en fûmes réduits à nous armer d'un jalon et à faire sentir la pointe de la douille sur les pieds des plus curieux ; en y ajoutant le développement des deux bras, nous parvînmes à obtenir un chemin suffisant.

La ville de Bắc-ninh s'étend donc sur une longueur de 927 mètres, sa largeur est d'environ 40 mètres de chaque côté de la route pendant une longueur de 100 mètres, puis elle va en s'élargissant brusquement à angle droit, sans que nous puissions préciser de dimension. Elle ne semble ni animée, ni riche, malgré un commerce de soie qui doit être aussi important que lucratif. Les maisons en briques et tuiles alternent avec les paillottes le long de cette grande artère, depuis la station 816 jusqu'à celle 825 où, sur la droite, se trouve le marché, la proportion peut s'évaluer mi-partie en tuiles, mi-partie en paillottes ; les bâtiments en briques et la ferme d'opium se trouvent sur la rive droite, vers la visée nº 818. A partir de la station 825, on ne rencontre plus que des paillottes où sont installés les artisans indigènes : brodeurs, tourneurs, fabricants de chapeaux, ferblantiers. Bon nombre de ces paillottes sont hermétiquement closes, mais probablement occupées par les marchands de cocons. L'autre partie de la ville est occupée presqu'exclusivement par les Chinois.

La maison qui nous est désignée pour notre résidence nous oblige à revenir sur nos pas jusqu'à la station 820, où, tournant brusquement à gauche par un angle de 29 1/2 grades sur une longueur de 68 mèt. 50 cent., nous nous trouvons devant la citadelle, dont la tour octogonale est visible par 23 grades ; nous tournons à nouveau à angle droit, vers la gauche, par un angle de 121 1/2 grades sur une longueur de 80 mètres, pour nous trouver enfin devant la porte de notre logement. Cette maison est située sur une route de 10 à 12 mètres de large, entourant la citadelle et bordée de murs de clôture en briques, derrière lesquels se trouvent les maisons d'habitation des fonctionnaires. La citadelle, dont les fronts bastionnés sont en briques, est entourée de larges fossés qu'on franchit sur des ponts fixes ; les canons sont surtout visibles par les paillottes qui les abritent contre les pluies.

A peine entrés dans la grande cour située entre le mur de clôture et la maison, la foule des curieux s'y rue, aussi brutale que dans les rues, et commence même à envahir le logement; nous faisons des observations réitérées au lãnh binh, dont les soldats tapent rudement sur les indigènes; mais lui-même XIN (demande, sollicite) les Chinois de s'en aller en les interpellant du nom de ANH. Ils n'obéissent d'ailleurs pas du tout.

La patience nous échappe alors et, nous armant d'un ROI, nous châtions quelques-uns des plus insolents Chinois; ce fut le commencement de la débandade, car le lãnh binh se livra alors à une distribution générale, tout en excitant ses hommes; la cour fut vidée et la porte fermée.

Nous pouvons enfin nous reposer un peu et nous étendre sur un des lits de camp. Il était assez facile de voir que les Chinois sont ici les maîtres tout-puissants, nous n'avons pas rencontré cependant de troupes de l'armée régulière chinoise.

Le chemin entourant la citadelle est divisé en secteurs, dont les bâtiments compris dans ces zones sont sous la surveillance d'un đội. Notre logement est dans le sở de Công-quởn 公館.

Nous exprimons au lãnh binh notre désir d'aller jusqu'au Cầu-giang, mais de revenir de suite; sa réponse fut nette: « Vous pouvez aller partout où vous voudrez. » Cette réponse nous surprit, mais nous approuvâmes en lui disant que nous partirions à deux heures de l'après-midi.

A cette heure, un lettré vint nous dissuader de partir, disant que le gouverneur craignait les mauvais procédés des Chinois, que la route était mauvaise, enfin des raisons pour se mettre à l'abri de tout reproche en cas d'accidents. Nous répondîmes que notre volonté bien arrêtée était de continuer notre route, mais de revenir lorsque nous serions au Cầu-giang; pour bien prouver au lettré que telle était notre intention, nous fîmes battre le tam tam pour rassembler les hommes et nous nous mîmes en route.

Notre đội d'Hải-phòng nous pria de laisser l'escorte autour de nous, lui-même nous accompagnant et s'arrêtant chaque fois que nous nous arrêtions; notre procession se composait donc d'un porte-étui à ROI, un porte-glaive, six soldats avec lances, deux đội et un cai plus fier que jamais de porter un chassepot: tout ce monde fort peu rassuré.

(830) Nous constatons l'abandon du lãnh binh.

(831) Seuil de la porte de sortie de la ville; mêmes dispositions que celles indiquées pour l'autre. Pour arriver à cette station, le chemin, comme pour l'autre porte, n'est pas direct et affecte le parcours suivant:

18 1/2 grades sur 22 mèt. 50 cent.
91 3/4 grades sur 16 mèt. 50 cent.
34 grades sur 20 mètres.
330 grades sur 51 mèt. 50 cent.
233 1/2 grades sur 40 mètres.

(832) A gauche, grand champ surélevé consacré à l'agriculture.

(833) A gauche et à 150 mètres environ, pagode avec ses nombreux bâtiments annexes.

(834) Route rechargée de 60 centimètres sur 3 mètres de largeur.

(835) Route rechargée de 1 mèt. 20 cent. sur 3 mètres de largeur.

(836) *Idem.*

(837) A cette station, s'arrêtent les rizières, la pente des petites collines venant s'y perdre et les pluies entraînant avec elles de gros blocs de grès.

(838) Paillottes des deux côtés, avec murs extérieurs en torchis.

(839) Nous entrons dans le thalweg des collines, qui va montant jusqu'à une station ultérieure (847) ; la route domine sur une couche de sable et de petits graviers.

(840) A droite et à 3 mètres, un mur entourant une pagode ; à gauche et à 20 mètres, autre pagode ombragée de grands banians et entourée de murs.

(841) Cette station semble être à 15 mètres environ au-dessus du niveau des dernières rizières. La route est à peine tracée au milieu de gros blocs de roches qui en émergent. Sur la droite, le village se continue sur le versant de la colline : tous les murs sont en torchis, les ruelles ayant à peine 1 mètre de largeur. Sur la gauche, plantations de mûriers arborescents, les champs coupés très irrégulièrement par des murs en pisé et pierres sèches offrant de très petites surfaces; ces murs, de 2 mètres de hauteur environ, empêchent les bandes pillardes de se répandre en dehors de la route. Toutes ces précautions indiquent suffisamment que le pays n'est pas tranquille depuis longtemps.

(842) Le terrain continue à monter.

(843) A gauche, trois mamelons nommés par les indigènes Sảnh-sơn 省山 sur celui du milieu qui est le plus élevé, un fortin ruiné avec un mur en pisé. A droite, dans une situation très pittoresque, au milieu de grands arbres et sur le versant de la colline, est édifiée une belle pagode ; cette colline est appelé Thái-hoa-sơn 太花山

(844) La route se continue entre les deux murs, dont celui de droite défend les maisons et celui de gauche les plantations de mûriers.

(845) Une ébauche de fossés latéraux longent la route.

(846) Le village se continue.

(847) Nous sommes ici au sommet de la montée qu'on atteint en escaladant d'énormes blocs de roches. Un petit palier en indique le point culminant, la descente se faisant par le même système de casse-cou. A 60 mètres sur la gauche, pagode sur le sommet d'un mamelon.

(848) Le village se continue

(849) La route s'infléchit sur la gauche, la station est faite dans l'axe de la porte d'entrée d'une pagode dont le mur est à l'alignement des cases. Le mur s'arrête ici sur la droite, et avec lui les habitations. Sur la gauche, les mûriers continuent, mais la bande cultivée se rétrécit, la route se rapprochant des collines.

(850) A gauche, plantations de mûriers; à droite, rizières.

(851) *Idem.*

(852) *Idem.*

(853) A gauche, cesse le mur entourant les plantations de mûriers et avec lui les cultures; à droite, rizières.

(854) L'eau des pluies descendant des collines, creuse capricieusement son cours vers le milieu de la route; eau très belle, encore épurée par son passage sur le gravier.

(855) Station sur le seuil de la porte d'entrée du village Tháp-cầu 答捄 canton de Trang-võ 壯武 huyện de Võ-giang 武江 phủ de Từ-sơn 慈山 A l'air insolent et l'attitude agressive des Chinois, nous croyions que le lãnh binh était non-seulement venu annoncer notre arrivée, mais solliciter encore une autorisation; ces Chinois sont des soldats réguliers de l'armée chinoise, ayant pour uniforme une robe courte en cotonnade bleue bordée d'une bande rouge au bas de la robe, aux manches et au collet, avec écusson blanc, rond, bordé d'une bande rouge sur la poitrine; ils n'avaient pas d'armes apparentes. Au dire des Annamites, ces Chinois sont installés ici pour empêcher les rebelles chinois d'entrer en Chine par la route de Lang-sơn. Il est plus probable que ce sont des troupes qu'ils ont appelées à leur secours, mais dont ils ne se débarrassent pas facilement, car il est évident qu'elles doivent rançonner les bateaux passant devant leur porte et vivre ainsi dans un doux repos, nullement contraire à leurs mœurs.

Quel n'est pas notre étonnement d'apercevoir notre lãnh binh accompagné d'un autre mandarin du même grade, tous deux avec leur escorte. Ils m'apprirent que le gouverneur de Bắc-ninh les avait chargés de prévenir de notre arrivée les Chinois du village, mais qu'il comptait sur notre parole pour ne pas dépasser le fleuve.

Arc en plein cintre, en maçonnerie, se fermant par une porte épaisse à deux vantaux. Le village est défendu par un fossé, un mur en terre et une forte haie en bambous.

(856) La route se continue entre les paillottes; à droite et à gauche, quelques ruelles.

(857) Sur le bord droit de la route, maisons en briques en retrait de l'alignement; en façade, mur en briques soutenant les terres intérieures, surélevées de façon à pouvoir dominer la route; de nombreux Chinois ont

les coudes appuyés sur le chaperon du mur, ce qui fait supposer que c'est ici le quartier général des soldats.

(858) Nous voici arrivés sur le bord du Cầu-giang 拯江 Le village s'étend donc sur une longueur de 334 mètres pour se terminer brusquement à la rive droite du fleuve ; les terres sont coupées en falaise, offrant une rive abrupte. Pour descendre au fleuve, quelques marches en calcaire (marbre carbonifère), grossièrement taillées, sont posées un peu à la diable ; en retrait et à 5 mètres de cet escalier, une double haie en bambous secs, avec porte, barre la route. En ce moment, le niveau du village est à 3 mèt. 50 cent. au-dessus des eaux.

(859) Dernière station de notre itinéraire : c'est la largeur du Cầu-giang, dont la profondeur maximum est de 8 mèt. 20 cent.

Sur la rive gauche, la route se continue en s'infléchissant légèrement sur la droite, suivant le thalweg des collines : c'est la route conduisant à Lang-sơn et de là en Chine. Sur la droite de cette route et à une petite distance du fleuve, un fort est élevé au sommet d'une colline, commandé par un des lãnh binh se trouvant en ce moment avec nous.

Nos opérations terminées, le lãnh binh nous presse pour le retour, craignant, dit-il, que la nuit ne nous surprenne avant notre arrivée à Bắc-ninh. Ne voulant pas que notre départ ressemble à une fuite, nous prenons notre temps et nous marchandons quelques poteries. Les indigènes nous disent qu'en remontant le Cầu-giang jusqu'au village de Tô-hà, à quelques heures d'ici, on est en pleine région des meilleurs faiseurs, car l'argile y est aussi pure qu'on peut la désirer. Les prix sont trois à quatre fois moindres qu'à Hà-nội ; cette grande différence provient principalement des droits perçus par les douanes intérieures, le transport par eau étant peu coûteux.

A la grande joie de tous, nous nous mîmes en route, et le lãnh binh put se livrer à son aise à une fantasia si profondément ancrée dans les mœurs orientales. Nous nous aperçûmes alors que l'inévitable escorte déguenillée avait non-seulement les grandes lances en bambous de 3 mètres de longueur environ, mais qu'elles étaient ornées de fanions, les uns noirs avec bande blanche, les autres rouges avec bande bleue.

SCHROEDER.

TABLE DES MATIÈRES.

www.ingramcontent.com/pod-product-compliance
Ingram Content Group UK Ltd.
Pitfield, Milton Keynes, MK11 3LW, UK
UKHW021045200726
13857UKWH00003B/843

9 782012 466807